Schiffahrt im Bild

MARINA

Gert Uwe Detlefsen

Schiffahrt im Bild

Trampschiffe (I)

Hauschild Bremen

Abbildung auf dem Frontispiz:

Marina

Als der belgische Seelotse Urbain Ureel den finnischen Dampfer *Marina* (1441 BRT/1760) 1952 in der Schleuse von Ostende ablichtete, hatte das 1910 in Oskarshamn gebaute Schiff schon den größten Teil seines Lebens hinter sich. Die ersten 25 Jahre verbrachte es als *Gustafsberg* unter schwedischer Flagge, Eigner war eine Fabrik in Gustafsberg. Ab 1927 schrieb sich der Name laut Lloyd's Register of Shipping *Gustavsberg.* 1935 wechselte der mit einem durchlaufenden Hauptdeck versehene Dampfer zur finnischen Flagge, die er bis zum Ende seiner Laufbahn auch behalten sollte. Die Reederei in Helsinki hieß so wie ihr Schiff: Rederi A/B *Marina.* 1955 kaufte Anton Haggblom aus Helsinki den Dampfer, nannte ihn *Carlton,* gab ihn jedoch schon 1957 an die Rederi A/B Carlton in Mariehamn auf den Ålandinseln weiter. Aber nur noch zwei aktive Jahre standen bevor; am Tag vor dem Heiligabend des Jahres 1959 erreichte der Dampfer die kleine belgische Stadt Hemiksen, wo Anfang 1960 die Schneidbrenner mit ihrer Zerlegearbeit begannen.

Verlag H. M. Hauschild GmbH, Bremen

Fotos: Die Fotos aus diesem Buch stammen, soweit sie nicht namentlich gekennzeichnet sind, aus der Sammlung des Autors. Es handelt sich vielfach um Werft- oder Werksaufnahmen; bei einigen konnte der Urheber nicht mehr ermittelt werden.

Allen Bildgebern sei herzlich gedankt, besonders Eilhart Buttkus, Ian Spashett von FotoFlite und Urbain Ureel.

Layout: Gernot Braatz, Bremen

Gesamtherstellung: H. M. Hauschild GmbH, Bremen

ISBN: 3-89757-033-5

Einführung

Die Schiffahrt ist in viele unterschiedliche Themenbereiche unterteilt, ihre Geschichte reicht bis zur Arche Noah zurück. Entsprechend vielfältig ist die Art, wie die Schiffahrt in Dokumentationen und der Literatur dargestellt wird. In meinem eigenen Verlag habe ich verschiedene Chroniken ausnahmslos über deutsche Reedereien und Werften sowie andere Bereiche veröffentlicht. Sie gehen bis auf eine Ausnahme alle tief ins Detail und sprechen daher einen kleineren Kreis von Interessierten aus der Berufsschiffahrt sowie der Freunde an, die Schiffahrt als ihr Hobby pflegen.

In diesem Band stelle ich eine Auswahl von Trampfrachtern verschiedener Flaggen vor. Trampfahrt bedeutet, daß die Schiffe nicht nach festen Fahrplänen zwischen bestimmten Häfen und Ländern verkehren, wie die Linienfrachter (siehe den entsprechenden Band in dieser Reihe), sondern „trampen", d. h., sie sind mal hier, mal dort. Schiffe, die trampen, müssen nicht zwangsläufig auch um die Welt fahren, auch innerhalb verhältnismäßig kleiner Fahrtbereiche, wie etwa in Nord- und Ostsee oder im Mittelmeer, verkehren unzählige Trampschiffe. Früher nannte man das auch „wilde Fahrt", aber von diesem nicht gerade zutreffenden Ausdruck ist die Schiffahrt schon zwischen den Weltkriegen abgekommen.

In der Trampfahrt sind – wie in den meisten Linienverkehren auch – selten paarige Verkehrsströme anzutreffen. Das heißt nichts anderes, als daß das Transportvolumen nicht in beide Richtungen gleich stark ist. Während es vom Nordkontinent in das Mittelmeer sehr viele besserzahlende Ladungen gibt – Holz, Stahlprodukte, Chemikalien, Industriegüter, Neufahrzeuge usw. –, ist das Aufkommen aus dem Mittelmeer kleiner. Natürlich gibt es inzwischen auch viele Industriegüter aus mediterranen Anrainerländern, sie reichen für einen ausgeglichenen Verkehr jedoch (noch) nicht aus. Zitrusfrüchte, die noch bis in die 70er Jahre mit konventioneller Tonnage – die allerdings über gute Laderaumbelüftung verfügen mußte – transportiert wurden, waren ein saisonales, ernteabhängiges Geschäft. Ganzjährig gab es aber viele Massengüter, die von der nordeuropäischen Industrie für ihre Produktion gebraucht wurden: Phosphat aus Nordafrika, Bimsstein aus Griechenland, Erze und Sände aus Spanien usw. Diese Massengüter hatten alle einen Nachteil: Sie zahl(t)en wenig. Dafür waren sie aber fast immer zu haben, die Beladung und das Entlöschen gingen in der Regel schnell vonstatten, und die Kosten reichten zur Deckung der Bunker- und Hafenkosten dieser Reise und in der Regel auch mehr. Damit kam das Schiff dann wieder in eine günstigere Ausgangsposition für eine Anschlußreise. Die früheren konventionellen Frachtschiffe der Linienfahrt nahmen als Rückladung oft auch Massengüter mit, auch wenn die Befrachter die für Massengüter besser geeigneten Single-(Ein)-Decker bevorzugten. Heutige Containerschiffe eignen sich nicht für Massengutladungen, so daß diese „Auf- oder Rückladungen" ganz der Trampschiffahrt vorbehalten bleiben.

Die Trampschiffe transportieren alles, was irgendwo abgebaut, gewonnen oder produziert und gehandelt wird: große Partien Massengüter, wie Erze, Getreide und Kohle, ebenso wie kleinere: Holz, Getreide, Sände, Halb- und Fertigprodukte aus Stahl und Eisen, Chemikalien, Rohstoffe, Industrie- und Konstruktionsgüter, Fahrzeuge, Schwerkolli usw. Dabei sind ein Lade- und ein Löschhafen durchaus nicht immer die Regel. Es gibt Ladungen, wie etwa Holz (insbesondere Edelholz), Getreide oder Fertigprodukte, die an mehreren Ladestellen bzw. Häfen geladen und auch in mehreren Häfen gelöscht werden. Daß diese Frachtraten dann schon wegen der mehrfachen Hafenkosten über denen für eine Reise mit zwei Häfen liegen, ist klar. Auch muß nicht jede Trampladung zwangsläufig eine Volladung sein (entweder gewichts- oder raummäßig). Auch in der Trampfahrt ist das Buchen von zwei oder mehr Teilpartien, die beispielsweise von Antwerpen in zwei oder drei Mittelmeer-Löschhäfen transportiert werden, nichts Ungewöhnliches. Es kann auch vorkommen, daß größere Frachter sich aus Tiefgangs- oder Angebotsgründen mit Partien zufrieden geben, die ihre Kapazität nicht füllen. Eine Reise mit einer halben Ladung, gleich welche Schiffsgröße man zugrunde legt, lohnt sich in der Regel jedoch nicht.

Trampschiffe sind die Lastesel des Welthandels, sie transportieren all das, für das die „Linientaxis" der Weltmeere zu teuer sind, weil ihr schneller Service und der aufwendig ausgerüstete Schiffsraum nicht gebraucht werden. Es gibt keine Faustregel, die besagt, daß nur große Schiffe auch lange Reisen machen und kleine sich ausschließlich in der kleinen oder kurzen Fahrt tummeln. Alles ist möglich – so fahren beispielsweise 100 000-Tonner mit Erz von Narvik nach Hamburg oder Rotterdam, und gar nicht so selten kam es vor, daß ein dänisches Kümo mit einer Ankerkette oder einem anderen wichtigen Ausrüstungsgegenstand eine achtwöchige Seereise von Kopenhagen nach Japan unternahm (heute nehmen Containerschiffe solche Partien mit).

Die Typenvielfalt in der Trampschiffahrt ist sehr groß. Abgesehen von den unterschiedlichen Größen gibt es Schiffe mit Zwischendeck und ohne, mit Geschirr und ohne, mit zusätzlicher Ausrüstung wie Schwergutbaum, Kühlraum, Ladungstanks usw. Nicht selten beenden ehemalige konventionelle Linienfrachter ihre Laufbahn in der Trampfahrt, wobei ihre Konstruktion in der Regel einen Einsatz in der reinen Trampfahrt wie auch in der Linienfahrt zuläßt. Die moderneren (Tramp)-Frachter haben in der Regel auf Containermaße abgestimmte Luken- und Decksabmessungen, so daß sie – wenn Laschmaterial an Bord genommen wird – auch in der Containerfahrt eingesetzt werden können. In der reinen Containerfahrt sind sie in der Regel den ausschließlichen Containerschiffen unterlegen.

Die reine Massengutschiffahrt mit größerer Tonnage ist ebenso wie die Containerschiffahrt einem späteren Band vorbehalten. Auch wird es mindestens einen weiteren Band mit Trampschiffen geben.

Ein mittelgroßer Trampdampfer im Hamburger Hafen vor dem Ersten Weltkrieg. Der Leuchtturm stand auf dem Kaiser-Wilhelm-Höft zwischen Kuhwärderhafen und Kaiser-Wilhelm-Hafen.

Maja

So wie die *Marina* war auch die dänische *Maja* eines der unzähligen Arbeitspferde der Nord- und Ostsee. Während die größeren (ab 1000 tdw) Schiffe hauptsächlich englische Kohle in deutsche Nordseehäfen oder die gesamte Ostsee brachten und mit finnischem oder schwedischem Gruben-, Bau- oder Papierholz zurückkehrten, waren kleinere Schiffe wie eben die *Maja* als Tourendampfer oder auch in der Trampfahrt beschäftigt. Tourendampfer konnte sowohl Linienfahrt nach festem Fahrplan als auch das „Abklappern" bestimmter Häfen je nach Ladungsangebot bedeuten. Sie beförderten Getreide, Dünger, Eisen- und Stahl- sowie andere Fertigprodukte, Baustoffe u. v. a. m. und liefen auch kleinste Hafenplätze an.

Die *Maja* wurde 1890 in Helsingør für die D/S Østersøen A/S in Kopenhagen gebaut und 1897 an die Det Forenede Dampskibselskab A/S in Kopenhagen verkauft. Sie beschäftigte den nur 390 BRT großen Dampfer in verschiedenen Linendiensten, bis sie ihn 1937 nach längerer Aufliegezeit verkaufte. 1939 wurde das Schiff zum Fischdampfer *Sildberlin* umgebaut und 1951 auf Island verschrottet.

Clara Kunstmann / Carryvale

Zu allen Zeiten wurden kuriose Schiffe gebaut, in früheren Zeiten allerdings mehr als heute. In den letzten Jahren des vorigen Jahrhunderts hatte das Dampfschiff den Segler zwar klar verdrängt, aber wie das ideale Dampfschiff aussehen sollte, versuchte man immer noch herauszufinden. Der erreichte Leistungsstand ließ die Werften nicht ruhen. Die große Schiffbaukrise in den achtziger Jahren des vorigen Jahrhunderts zwang die Werften zum Nachdenken, welche neu zu entwickelnden Schiffstypen in Zukunft Erfolg haben könnten. Daraufhin entstanden Konstruktionen wie die des Well-Deckers, Spar-Deckers, Drei-Insel-Schiffs, Trunk- und Raised Quarterdeckers und andere, schnell vergessene. Eine Konstruktion dieser Zeit ist auch der Turmdecker, im Englischen Turretdecker. Dieser Typ ist eigentlich eine seegängige Version des amerikanischen Whale-Backers, der in der Tat so aussah, als wenn auf einem Walrücken Brücke, Schornstein sowie Masten montiert wären. Die britische Werft von William Doxford & Sons. Ltd. in Sunderland griff diese Idee Anfang dieses Jahrhunderts auf und setzte sie in die Tat um. Auf einem normal breiten Rumpf wurde ein verengtes Aufbaudeck gesetzt, der Turm. Hierauf befanden sich die Masten und die glatt auf dem Deck eingelassenen Luken, was sich bei Seegang bewährte. Neben

einer höheren Festigkeit, weniger Stahlverbrauch und damit billigerem Baupreis trimmte die Ladung besser, und die günstigere NRT-Vermessung führte zu geringeren Hafen- und Lotsabgaben. Besonders bei einer Suez-Passage hatten Turmdecker Vorteile, denn Basis für die Abgaben war die Oberdeckbreite! William Doxford baute exakt 176 Turmdecker, sechs weitere entstanden in seiner Lizenz auf anderen Werften. 17 von ihnen fuhren unter deutscher Flagge. Die oben abgebildete *Jølund*, später *Clara Kunstmann,* war 1907 nach der *Kattenturm* der zweite deutsche Turmdecker. Er war am 23. November 1907 als *Walhalla* an die Rhederei AG „Oceana" in Hamburg abgeliefert worden, für die H. H. Schmidt die Bereederung übernommen hatte. 1914 erwarb Sloman & Co. das Schiff, das 1920 nach Frankreich ausgeliefert werden mußte, aber 1922 von der Emder Reederei AG nach Deutschland zurückgekauft wurde. Als norwegische *Jølund* strandete das 3913 BRT große Schiff im November 1926 im Roten Meer. Den Havaristen kaufte der Stettiner Reeder Werner Kunstmann und setzte ihn nach Reparatur als *Clara Kunstmann* in Fahrt. Am 13. November 1931 mußte er seinen Dampfer aufgrund der Weltwirtschaftskrise auflegen und 1933 sogar zum Abbruch veräußern. Das Foto der *Jølund* zeigt die Bauweise der Turmdecker sehr gut, ebenso das der britischen *Carryvale.*

Westfalen

Die Actiengesellschaft „Neptun" in Rostock baute 1900 den mit 2384 BRT vermessenen Frachtdampfer *Westfalen* für eine von J. Stadlander in Geestemünde geführte Partenreederei. Diese Form war bis in die fünfziger Jahre die gebräuchlichste Form der Schiffsfinanzierung und -bewirtschaftung. Sie ermöglichte auch kleinen Handwerkern, Angestellten und Kaufleuten die Beteiligung an der Schiffahrt und – wenn es gut lief – das Schaffen von Vermögen. In guten Jahren der frühen Dampfschiffahrt waren Renditen von 10 bis 20 Prozent die Regel, nur in den schlechten Jahren gab es weniger. Partenreedereien waren unkomplizierte Gebilde, an denen der Korrespondentreeder selbst mit mehr oder weniger Parten beteiligt war.

Der *Westfalen* war ein langes Leben beschieden. Sie wurde 1914 in Petrograd von Rußland beschlagnahmt und durchlief dann verschiedene Stationen. Als finnische *Olivia* lief sie ab 17. Januar 1957 den schottischen Hafen Rosyth an, wo der Abbruch erfolgte. Das Foto zeigt die *Westfalen* auf einer der ersten Reisen im Amsterdamer Holzhafen beim Löschen von Bauholz.
Foto: Sammlung G. J. de Boer

Helfrid Bissmark

Mit dem 497 BRT „großen" Dampfer *Helfrid Bissmark* begegnet uns ein weiterer, für viele Jahrzehnte typischer Dampfer: Das vordere Deck liegt tiefer als das hintere, denn zwischen Aufbau und Heck schränkt der Wellentunnel den Laderaum ein, bei vielen Dampfern wurde der Raum zwischen Wellentunnel und Bordwänden zur Einrichtung von Ballasttanks genutzt, daher ragte bei vielen Schiffen in Ballastfahrt der Bug fast ganz aus dem Wasser.

Die Eisenschiffswerft in Helsingør baute den 51,16 m langen und 7,84 m breiten Dampfer 1892 für C. E. Goltermann Succrs., ein Unternehmen, das bis in unsere Zeit in der Küstenfahrt tätig war. 1894 übernahm die Bissmark Linie AG das Schiff und setzte es in der Fahrt zwischen Hamburg und Schweden ein. 1933 wurde die *Helfrid Bissmark* in Hamburg abgebrochen.

Jungshoved

Einen bewegten Lebenslauf verzeichnete der dänische Dampfer *Jungshoved*, der hier auf einem Reedeplatz beim Greiferumschlag zu sehen ist. Den mit 3815 BRT vermessenen und 6400 Tonnen tragenden Eindecker bauten John Blumer & Co. auf ihrer North Dock Shipbuilding Yard in Sunderland unter der Bau-Nr. 157. Auftraggeber des *Pennmanor* getauften Schiffes war die William Penn Steamship Co. in London. Nach Beendigung ihrer 87. Atlantikquerung wurde *Pennmanor* am 1. März 1907 an die dänische D/S Ocean A/S übergeben und in *Philadelphia* umbenannt. Nach dem finanziellen Zusammenbruch dieser Reederei wurde die von C. K. Hansen geführte D/S Atlantic neuer Eigner des Dampfers, den sie am 3. Dezember 1910 in Hamburg übernahm und *Jungshoved* nannte. Knapp 22 Jahre setzte diese Reederei, ein Vorläufer der heute noch aktiven Dannebrog Rederi A/S, ihren Dampfer in der weltweiten Fahrt ein. Eine Reise davon – im Jahre 1913 – führte von Hamburg über Nikolaievsk, den Ozeanischen Inseln und den Suez-Kanal zurück nach Helsingborg. *Jungshoved* legte dabei 29 000 Meilen zurück und war acht Monate unterwegs. Als die *Jungshoved* 1933 zum Abbruch in Ålborg verkauft wurde, übernahm ein dortiger Jachtklub die Brücke mit Salon als Klubhaus. Erst 1982 war die Stahlkonstruktion so marode, daß auch das Klubhaus abgebrochen werden mußte.

Fritz S

Holz war eine sehr bedeutende Ladung für die Dampfer und späteren Motorschiffe in der Nord- und Ostseefahrt. Bis in die sechziger Jahre dieses Jahrhunderts exportierten Finnland, Schweden und Rußland bzw. die UdSSR das Holz als Rohstoff. Bauholz wurde als Schnittholz in Dielen, Brettern und Balken (DBB) befördert, während der Unterschied zwischen Grubenholz (Pitprops) und Papierholz nicht sehr groß war. Grubenholz war lediglich gleichmäßiger, da es zum Abstützen und Auskoffern der vornehmlich britischen Kohlegruben gebraucht wurde. Papierholz wurde lediglich in transportable Stücke zersägt, die Stämme wiesen unterschiedliche Umfänge auf. Dieses Bild des finnischen Dampfers *Fritz S* (1475 BRT / 2270 tdw) entstand Anfang der fünfziger Jahre, als er in der Themsemündung auf einen Liegeplatz wartete, um seine Grubenholzladung zu löschen. Alle Holzladungen benötigten Decksplatz, da ihr Gewicht die Tragfähigkeit allein in den Räumen meistens nicht ausnutzte. Das Schiff war 1907 als *Biscaya* auf der Nylands M/V im damaligen Christiania entstanden. *Foto: FotoFlite incorporating Skyfotos*

Myllykoski
Mit dem Dampfer *Myllykoski* begegnet uns ein weiterer finnischer Veteran (nämlich im April 1964 auf der Seine). Das ist nicht verwunderlich, eine Reihe finnischer Reeder betrieb etliche Dampferveteranen bis in die siebziger Jahre, und nur wenigen gelang die Flottenerneuerung. Wie viele alte Dampfer hat auch dieses Schiff eine bewegte Vergangenheit. Der Bremer Vulkan baute den 3975 Tonnen tragenden und mit 2709 BRT vermessenen Dampfer 1909 als erstes Seeschiff für den Industriellen Hugo Stinnes, der Name *Adeline Hugo Stinnes 3* täuscht etwas anderes vor. 1919 mußte er an Belgien ausgeliefert werden, es folgten Fahrtzeiten als *Tervaete* und *Willem-René,* bis das Schiff 1933 als *Myllykoski* zunächst in Turku/Finnland beheimatet wurde. Es folgten noch drei Eignerwechsel, aber der Name *Myllykoski* blieb, bis Abbrecher in Helsinki den Dampfer im Frühsommer 1964 in Stücke zerlegten. *Foto: Urbain Ureel*

Santa Marta

Als wiederum Urbain Ureel 1970 den 1780 BRT großen Dampfer in einem abgelegenen Hafenwinkel von Marseille ablichtete, war die aktive Fahrtzeit des 1924 von der Ålborg Skibsværft gebauten Dampfers bereits vorbei. Dort wurde er am 2. Januar 1967 aufgelegt und 28 Monate später zum Abbruch nach La Spezia geschleppt. Bestellt hatte die dänische A/S (Aktiengesellschaft) Vendila in Kopenhagen den 3000-Tonner, für den Svendsen & Christensen als Korrespondentreeder fungierten. Der Quarterdecker – aus Vermessungsgründen war die Luke 1 tiefergelegt und ohne Zwischendeck gebaut worden – fuhr im Kohlen- und Holzverkehr auf Nord- und Ostsee. Zumindest Europa blieb das Fahrtgebiet, auch nachdem 1940 die Estoduras Steamship Company Inc. im hondurianischen Puerto Cortez den Dampfer erwarb und ihn in *Florida* umbenannte. Weitere Stationen waren S*igne*, Monrovia, *San Jose II*, Puerto Limon, *San Jose Obrero,* Panama, *Rivafiorita*, Panama, und ab 1963 schließlich *Santa Marta* der Compagnie de Navegacion Santa Marta, Panama.

Hadrunete

Auch der französische Dampfer *Hadrunete* der einst großen Societé Navale Caennaise (SNC) aus der nordfranzösischen Hafenstadt Caen hatte den allergrößten Teil seiner 48 Jahre hinter sich, als er hier 1951 auf der Seine fotografiert wurde. J. Crown & Sons in Sunderland hatten den 1430 BRT großen Eindeck-Dampfer mit vier Luken 1907 an Witherington & Everett als *Tees* abgeliefert. Fahrtzeiten als *Alto* (Großbritannien), *Basilia II* (Italien) und *Guiseppe Leva* der Genueser Brüder Lucio und Luigi Leva folgten. Er sank am 19. Dezember 1942 durch Bomben in Sousse, wurde bereits am nächsten Tag gehoben und erlitt 1943 erneut schwere Bombentreffer. Nach der Bergung 1944 gelangte der Dampfer in den Besitz der französischen Regierung, die ihn als *Hadrunete* von SNC bereedern ließ. *Foto: Urbain Ureel*

Cresco

Diese Aufnahme des norwegischen Dampfers *Cresco* wurde 1954 vor Ostende mit einer 6x6-cm-Kamera offenbar nicht als Schiffsporträt gemacht, denn auf dem Negativ ist das Schiff nur wenige Millimeter groß. Sie war wohl als Stimmungsbild gemacht, und tatsächlich versetzt diese Aufnahme zurück in die Zeit, als Dampfer mit langen Rauchfahnen, die in diesem Fall die Bewölkung zu produzieren scheinen, noch das Rückgrat der Trampfahrt darstellten. Der 1916 von Huiskens & van Dyk in Dordrecht als deren 13. Neubau gebaute 1297 BRT-Dampfer hat 2000 Tonnen Papierholz für die Papiermühle von Langerbrügge geladen. Von seiner Ablieferung bis 1955 hieß das Schiff *Cresco*, gehörte allerdings vier verschiedenen norwegischen Reedereien, seit 1923 E. A. Aaby's Rederi in Christiania/Oslo. 1955 kaufte der Hamburger Schiffsmakler Erich Drescher den Dampfer und begann mit ihm den Aufbau einer Reederei. Wie das erste Schiff *Wittorf* bekamen auch die folgenden seiner Schiffe Namen von Orten in der Lüneburger Heide.

Yrsa

Noch ein Finne. Wm. Gray & Co. Ltd. in West Hartlepool, eine fleißige Werft und Lieferant vieler mittlerer Trampdampfer, baute den 2966 BRT großen Dampfer als *Ubier* für die Antwerpsche Zeevaart Maatschappij NV in Antwerpen. Hier endete auch 47 Jahre später die Fahrenszeit des 4820 tdw-Frachters. Bis 1923 fuhr er unter belgischer, von 1923 bis 1936 als *Blairadan* unter britischer Flagge. 1936 kaufte Erik Nylund aus Mariehamn das Schiff und gab ihm den Namen *Yrsa* nach seiner Frau. Sein Sohn Aslog Nylund bereederte den Dampfer, hier umrahmt vom Uferwald der Seine, von 1946 bis 1961. *Foto: Urbain Ureel*

Bachi

Sogar 57 Jahre währte die Fahrenszeit des spanischen Dampfers *Bachi*, der hier 1951 den belgischen Hafen von Ostende mit einer Ladung Briketts für Südspanien verläßt. Im September 1920 hatte ihn die Blyth Shipbuilding Co. in der kleinen Hafenstadt am Forth of Clyde als *Bachi* für die gleichnamige Compania Naviera in Bilbao abgeliefert, die ihn seither in der Fahrt zwischen nordeuropäischen Häfen und solchen auf der Iberischen Halbinsel beschäftigte. In Auftrag gegeben hatte ihn die britische Regierung, als *War Obelisk* sollte er helfen, die Kriegsverluste auszugleichen, doch dazu kam es nicht mehr. 1937/38 fuhr das 3133 BRT große Dampfschiff mit 5120 tdw zeitweilig als italienische *Garibaldi* und kehrte dann zu den Voreignern zurück. Nach 1951 fuhr es noch als *Alejandro Zubizaretta*, *Abasolo* und *Nogales*, bevor es 1977 in Spanien abgebrochen wurde. *Foto: Urbain Ureel*

Bygdøy

Eng muß es gewesen sein, als 1921 der 2486 BRT große Frachtdampfer *Thorhild* für die A/S Telmo in Grimstad vom Helgen der Schiffswerft Livingstone & Cooper Ltd. in Hessle in den schmalen Flußlauf des Humber von Stapel lief. Schon 1923 kaufte ihn die D/S A/S Europa in Kopenhagen und beschäftigte ihn als *England* weiterhin in der Nord- und Ostsee. Das änderte sich auch bei den folgenden Eignern A/S Skougum, Oslo, neuer Name *B. A. Sanne,* nicht. Die Kohlen-Import und Poseidon Schiffahrts AG in Königsberg transportierte mit dem Schiff, nun *Felix Heumann*, vornehmlich Holz und Kohle. Am 4. März 1941 wurde es im Lofotenhafen Solvaer Opfer eines britischen Angriffs, der eigentlich den dortigen Fischverarbeitungsanlagen galt. Der britische Zerstörer HMS *Tartar* traf ihn so schwer, daß er auf Grund gesetzt werden mußte. Erst 1947 wurde der Dampfer geborgen, der mit einer 1250 PSi leistenden Dreifach-Expansionsmaschine gute neun Knoten in der Stunde schaffte. Nach der Bergung 1947 kaufte Ludwig Lorentzen aus Oslo den 4142 tdw-Dampfer, ließ ihn reparieren und betrieb ihn zwölf Jahre lang als *Bygdøy.* Ungewöhnlich für einen Frachtdampfer war der weiße Rumpfanstrich. 1959 kaufte ein Reeder aus Tripoli den Dampfer, der für diesen aber nicht einmal die erste Reise vollendete. Auf der Fahrt von Lattakia mit Zement nach Doula strandete der Dampfer am 24. September 1959 vor Accra, wo gebunkert werden sollte, und ging total verloren.

Laura Mærsk

Bis in die Jahre nach dem Zweiten Weltkrieg war die dänische Reederei A. P. Möller vorwiegend in der Trampfahrt tätig. Dafür erwarb sie im September 1915 von der dänischen DS Europa den 1432 BRT-Dampfer *Belgien*, den die Kieler Howaldtswerke 1907 als ihre Bau-Nr. 458 gebaut hatten. Erst im März 1919 bekam das 2550 tdw-Schiff den Namen *Laura Mærsk*. Im Mai 1937 wurde eine andere bekannte dänische Reederei Eigner des Dampfers, nämlich die von Ove Skou, die ihre Neuerwerbung als *Rikke* für die DS af 1937 AS eintragen ließ. Am 31. Juli 1941 lief der Dampfer auf der Reise von Nordenham nach Åbenrå mit Kohle drei Meilen östlich der Schleimünde auf eine Mine und sank. Nach der Bergung wurde *Rikke* repariert und wieder in Fahrt gesetzt. Gut drei Jahre später schlug das Schicksal erneut zu, als der Dampfer zwischen Drodgen und Stevns im Großen Belt erneut eine Mine traf und wiederum sank. Er war wieder mit Kohle unterwegs gewesen, diesmal von Danzig nach Ålborg. Das Schiff wurde abermals geborgen, repariert und ab März 1945 als *Rikke Skou* bewirtschaftet. Am 6. Oktober 1954 sank sie ein drittes Mal mit einer Kohleladung, diesmal auf der Reise von Blyth nach Åbenrå. In der Nordsee war bei schwerem Wetter die Ladung verrutscht und hatte zum Kentern geführt. Das Wrack wurde nun nicht mehr geborgen.

Gunvor Mærsk

Ähnlich bewegt war das Leben des 1965 BRT / 3295 tdw-Dampfers *Gunvor Mærsk,* der von 1934 bis 1954 für die von A. P. Möller kontrollierte DS af 1912 fuhr. Ursprünglich bestellt hatte den Dampfer der norwegische Reeder C. Mathisen bei Wm. Gray & Co. in West-Hartlepool, und für ihn war er auch noch als *Livingstone III* von Stapel gelaufen. Kurz danach starb Mathisen, und die Werft stellte das Schiff als *Josefine Gray* für eigene Rechnung fertig und ließ es von W. E. Hinde & Co. in Cardiff bereedern. Im Mai 1934 kaufte A. P. Möller den Dampfer für 495 403 Dkr. Von April 1940 bis zum September 1945 kontrollierte die britische Regierung den Dampfer. Am 3. Mai 1955 schlug *Gunvor Mærsk* im Atlantik leck und mußte Casablanca als Nothafen anlaufen. Nach der Verkaufsdockung in Svendborg übernahm der finnische Reeder Karl Kahre am 16. Dezember 1955 den Dampfer und brachte ihn als *Angus* unter die Flagge Finnlands. 1964 wechselte das Schiff den Eigner, die Flagge (Panama) und den Namen in *Robert.* Am 19. Juni 1969 war das Ende der aktiven Fahrtzeit gekommen. Auf der Reise von Galatz nach Chioggia strandete der Dampfer auf der Insel Othonoi und zog sich schwere Schäden zu. Er wurde zwar geborgen, wechselte sogar noch einmal den Eigner, kam aber nicht mehr in Fahrt. Am 3. März 1970 begann in Perama der Abbruch.

Poseidon

Das kohlegefeuerte Turbinenschiff *Poseidon* und seine ebenfalls bei Joh. C. Tecklenborg in Geestemünde gebaute Schwester *Planet* sahen aus wie Linienschiffe, und im Grunde waren sie es auch. Die Reederei F. Laeisz knüpfte mit ihnen erfolgreich an die Südamerika-Fahrt ihrer legendären Großsegler vor dem Ersten Weltkrieg an. Nur fuhren ihre Dampfer nun zur Ostküste und nicht wie die Segler zur Westküste. Ausgehend war Stückgut die Ladung, heimkehrend Getreide. Bei Kriegsausbruch am 1. September 1939 befand sich das 5823 BRT / 9500 tdw-Schiff auf der Ausreise von Hamburg nach Punta Arenas 100 Seemeilen südlich von Rio de Janeiro. Es erreichte noch Mar del Plata, wurde aber beim Durchbruchversuch in die Heimat am 21. Oktober 1939 von den britischen Kreuzern HMS *Scotstoun* und *Transsylvania* gestellt. Trotz britischer Gegenmaßnahmen gelang es der Besatzung, ihren 14 Knoten schnellen Dampfer selbst zu versenken.

Harfry

Der britische Dampfer *Harfry* war ein typischer Collier, ein „flat iron" (Flacheisen). Unzählige dieser Schiffe waren bis in unsere Tage rund um die britischen Inseln im Einsatz, um die überall stehenden Kohlekraft- und Industriewerke mit Brennstoff zu versorgen, der natürlich in britischen Gruben gefördert und mit britischen „Hometradern" über See transportiert wurde. Nicht alle Kohletransporter waren so flach wie dieser. Masten und Schornstein waren kippbar, so daß diese Schiffe die flachen Themsebrücken passieren und die oberhalb Londons liegenden Kraftwerke bedienen konnten. Dieser Dampfer entstand 1921 in Newcastle als *Ethylene* für die Gas, Light and Coke Company, North Thames Gas Board. 1953 kaufte die Hargraves Coal and Shipping Co. Ltd., London, den 936 BRT großen Dampfer, um ihn für eigene Transporte einzusetzen. Die Bereederung wurde Comben Longstaff & Co. Ltd. übertragen. Als *Harfry* verläßt der Dampfer 1955 in Ballast die Themse. *Foto: FotoFlite incorporating Skyfotos*

Christer Salén

Dieses Foto dokumentiert keine mißglückte Konstruktion, sondern eine nautische Meisterleistung. Das ehemals 120 m lange schwedische 4928 BRT / 9100 tdw-Motorschiff *Christer Salén* geriet am 15. Februar 1951 auf der Reise von Tokio nach Vancouver mit einer Ladung Erz, Holz, Kopra und Stückgut in einen Wirbelsturm. Um 18.45 Uhr brach das Schiff in zwei Teile, das 60 m lange Vorschiff ging verloren. Dem Kapitän und seiner Besatzung gelang es mit dem verbliebenen hinteren Teil einschließlich Aufbauten und Maschine, am 18. Februar 1951 mit eigener Kraft den Hafen von Yokohama zu erreichen. Niemand der 37köpfigen Besatzung und der zehn Passagiere kam zu Schaden. In Japan erhielt der Havarist einen 13 m langen Notbug (Foto). Auf der 84tägigen Reise über 12 700 Seemeilen nach Bremen zur Werft, wo es bis zum Frühjahr 1952 mit einem neuen Vorschiff ausgerüstet wurde, erregte das Motorschiff überall Aufsehen. Das 1945 von Eriksbergs MV in Göteborg an die von Sven Salén geführte AB Pulp abgelieferte Schiff fuhr weitere vier Jahre für Salén. 1957 kaufte der Hamburger Reeder Robert Batholomay das Schiff, das als *Corona* in Hamburg beheimatet wurde. Die letzten fünf Lebensjahre, nämlich die von 1967 bis 1972, verbachte der Frachter als *Philippine Progress* unter philippinischer Flagge, bevor er am 18. November 1972 den Hafen von Kaohsiung anlief, um dort abgebrochen zu werden.

Kielce
Kaum zu glauben, daß auch die *Kielce* ein Havarist ist. Fünf Jahre lang lag der 3300-Tonner auf der Reede von Hela auf dem Meeresgrund. Dort war er am 28. April 1945, wenige Tage vor Kriegsende, von russischen Torpedobooten als deutsche *Emily Sauber* versenkt worden. Die Flensburger Schiffsbau-Gesellschaft hatte den 2485 BRT-Dampfer erst im Mai 1939 an die Kohlenhandelsfirma und Reederei Sauber Gebrüder in Hamburg abgeliefert. 1936 hatte die FSG schon den sehr ähnlichen Vorbau *Herman Sauber* für dieses Unternehmen gebaut. 1950 hoben die Polen das Wrack der *Emily Sauber* und setzten es 1951 nach umfassender Überholung als *Kielce* wieder in Fahrt. Erst nach 14 weiteren Jahren Fahrenszeit wurde sie 1975 in Nakskov verschrottet. Bis dahin transportierte *Kielce* vor allem polnische Exportkohle nach Dänemark, Norwegen, den Niederlanden und Belgien. *Foto: Bent Mikkelsen*

Bintang Samudra IV

Als diese Aufnahme des gut gepflegten 658 BRT-Küstendampfers *Bintang Samudra IV* auf der Reede von Singapur 1978 gemacht wurde, sah er aus wie ein Relikt aus vergangener Zeit. Das war eigentlich schon 1936 der Fall, als ihn die PT Pelayaram Nusantara Putra Samudra-Werft im indonesischen Salembang als *Babinda* an die Australasian United Steam Navigation Co. Ltd. in Melbourne ablieferte. Die indonesischen Schiffbauer hatten sich rund 25 Jahre alter britischer Pläne bedient. Das machte nichts, denn die Anforderungen an kleine Küstendampfer hatten sich nicht geändert, und das war auch noch bis in die siebziger Jahre so. Erst irgendwann Ende der sechziger Jahre gelangte das 770 Tonnen tragende Schiff als *Bintang Samudra IV* in indonesischen Besitz. Inzwischen fährt das Schiff nicht mehr. Aber ob es abgewrackt wurde oder an irgendeinem Platz vor sich hinmodert, können wohl nur Einheimische sagen. *Foto: Urbain Ureel*

Hannah Böge

Die Hamburger Reederei Johann M. K. Blumenthal übernahm 1938 von der Rostocker Neptunwerft den 3250 Tonnen tragenden Frachtdampfer *Hannah Böge*. Sie beschäftigte das mit einer modernen Doppelverbundmaschine, Abdampfturbine und 1100 PSi Leistung ausgestattete Schiff in Charter der Königsberger Poseidon in der Papierholzfahrt von Ostkanada zur Weser und nach Königsberg. Ausgehend lud der Dampfer Kohle, um nicht in Ballast über den Nordatlantik fahren zu müssen. Er war am 25. August 1939 aus Point du Chene in Neubrunswick mit Ziel Memel ausgelaufen, wurde aber am 3. September 1939 als britische Prise aufgebracht und als *Crown Arun* vom britischen Ministry of Transport eingesetzt. Das deutsche Uboot *U 99* versenkte das Schiff am 17. September 1940 westlich der Hebriden durch einen Torpedo und Artilleriefeuer.

Professor Popov

Kohle von der Weser nach Kanada und Papierholz zurück in die Ostsee, das waren auch die Ladungen, für die die Reederei Hugo Stinnes AG ab 1935 bei der Flensburger Schiffsbau-Gesellschaft sechs ähnliche Frachter der 7500 tdw-Klasse bauen ließ, von denen das letzte, die *Albert Jensen* ex *Flensburg,* kriegsbedingt in Kopenhagen endausgerüstet wurde. Nur zwei Schiffe überstanden den Krieg, die *Albert Jensen* lag seit dem 9. April 1945 ausgebrannt und durchgebrochen auf Hela Reede. Aber die Russen bargen den Frachter, reparierten ihn bis 1959 und setzten ihn dann 13 Jahre als *Professor Popov* in der weltweiten Trampfahrt ein. Wie alle anderen FSG-Stinnes-Bauten besaß das 5447 BRT-Schiff elektrische Kräne als Ladegeschirr. *Foto: Urbain Ureel*

Concordia

Rohstoff für die Papierfabrik im belgischen Langerbrugge bei Gent löscht der dänische Eindeck-Dampfer *Concordia* hier 1955 (Foto: Urbain Ureel). Dabei liegt er in der Kanalmitte inmitten zahlloser Holzstämme, die er zuvor mit eigenem Geschirr gelöscht hat. Das Schiff hat beide Anker geworfen und ist zusätzlich durch lange Leinen am Kanalufer befestigt. Helsingør Jernskibs- & Maskinfabrik in Helsingør lieferten den 4000-Tonner 1943 an die Dampskibselskab DFK in Kopenhagen. Er war vornehmlich im Kohleverkehr nach Dänemark eingesetzt, beförderte aus der Ostsee oft Holzladungen. Von 1963 bis 1967 fuhr das Schiff als finnische *Tottesund* und ging 1967 an Eigner in Beirut. Nach einem Feuer im Bosporus am 12. Juli 1968 blieb nur noch der Abbruch, eine Reparatur war nicht mehr wirtschaftlich.

Adeny

Gebaut wurde die finnische *Adeny* 1945 als *Uddeholm* für die Swedish America-Line, deren Korrespondentreeder E. Carlson den 7875-Tonner im Linienverkehr nach Mexiko und in US-Golf-Häfen einsetzte. 1964 kaufte der in Mariehamn auf den Ålandinseln ansässige Reeder Algot Johansson den Frachter, um ihn als *Adeny* in der weltweiten Trampfahrt einzusetzen. Auf diesem Bild liegt das leere Schiff 1976 in Valletta auf Malta und wartet offensichtlich auf neue Reiseorder. Das zentral gelegene Malta als ein strategisch günstiger Punkt wurde und wird als Bunker-, Proviant- und Warteplatz gern genutzt. Vielleicht wartete das Schiff auch auf die Übergabe an die Saudi Europe Line der Orri Navigation in Djeddah, die das Schiff 1976 kaufte und es bis zu seinem Totalverlust am 9. August 1977 als *Abha* in der Linienfahrt zwischen dem Mittelmeer und dem Roten Meer einsetzte. *Foto: Urbain Ureel*

Furuholm

Bestellt hatte diesen prächtigen Dampfer die Königsberger Kohlen-Import & Poseidon Schiffahrts AG am 7. Juli 1941 im neutralen Schweden bei Oskarsham Varv A/B, weil deutsche Werftkapazitäten nahezu ausschließlich für Marineaufträge genutzt wurden. Am 23. August 1944 lief der 3555 BRT-Eindecker auch als *Glückauf* von Stapel, am 5. September 1944 beschloß die schwedische Regierung jedoch, daß ab sofort keine Exportlizenzen mehr für deutsche Neubauten erteilt würden. Die Werft (andere auch) mußte jedoch weiterbauen, Zulieferer aus Schweden und Deutschland weiter zuliefern, der Reeder die fälligen Bauraten zahlen, und abnehmen mußte er das Schiff auch. Nur die schwedischen Hoheitsgewässer verlassen, das durfte das Schiff nicht! Das Kriegsende verhinderte die Fertigstellung der *Glückauf*, die 1947 von der schwedischen Rederi A/B Rex angekauft und nach einigen Änderungen am 6. April 1958 als *Skarpö* endlich in Fahrt kam. Von 1966 bis 1971 fuhr sie als finnische *Furuholm*. Als panamaische *High Seas Express* wurde sie am 7. November 1972 rund 90 Seemeilen nordöstlich Cape Orange vor Brasilien nach einem Wassereinbruch von der Besatzung verlassen. Ein nicht ganz ungewöhnliches Schicksal eines Schiffes dieses Alters unter Billigflagge. *Foto: FotoFlite incorporating Skyfotos.*

Lambros L

Offensichtlich tun sich viele griechische Reeder schwer damit, ihre Schiffe am Ende der Fahrenszeit abzubrechen und den Schrott einer neuen Verwertung zuzuführen. Deshalb sah es zumindest bis vor einigen Jahren in Perama so aus wie auf diesem Bild. Zahllose Schiffe meist älterer Baujahre lagen dicht gedrängt nebeneinander und warteten auf ihr Schicksal, das aufgrund ihres sehr heruntergekommenen Zustandes meist nur noch Hochofen lauten konnte. In schlechten Frachtenmärkten war die Zahl größer, in guten Zeiten lagen weniger Schiffe auf. Die traditionellen griechischen Eigner „pokerten" lieber, als dies andere taten. Daher ließen sie Schiffe oft jahrelang liegen, bevor sie entweder für neue Aufgaben flottgemacht oder wirklich zum Abbruch verkauft wurden. Das geschah dann meistens in Perama in der Bucht von Piräus, weil eine Schleppreise zu einem weiter entfernten Abbruchplatz aufgrund der Schleppkosten den Erlös geschmälert hätte. Für die Fahrt mit eigener Kraft langte der Zustand in der Regel nicht. Das große Schiff im Hintergrund ist die *Lambros L*, die 1947 von Chantiers de Penhoet als *Winnipeg* an die französische Cie. Genérale Transatlantique gebaut wurde Bis 1965 fuhr der 165 m lange 8697 BRT-Frachter im Nordatlantikdienst, dann wechselte er auf die Linie zu den Antilllen, bis er 1975 an die griechische Calippus Shipping Inc. verkauft wurde. Dieses Foto von Bent Mikkelsen entstand am 4. Mai 1983 in Eleusis.

Stad Amsterdam

Vornehmlich im Erz- und Kohleverkehr setzte die niederländische Halcyon Lijn BV den 7981 BRT/9325 tdw-Frachtdampfer *Stad Amsterdam* ein, den die französische Werft Atelier et Chantiers de Loire in St. Nazaire 1947 als französische *Magellan* fertiggestellt hatte. Hauptgesellschafter der Halcyon Lijn war nämlich lange Zeit Baron Heinrich von Thyssen-Bornemisza, der vielfältige Unternehmen in der Eisen- und Stahlindustrie besaß und mit dieser niederländischen Reederei einen Großteil seiner Schiffahrtsinteressen abdeckte. Auf dem Bild befährt der Dampfer mit einer Teilladung die Weser.

Thor

Als die Seereederei „Frigga" AG im März 1950 aus Dänemark den 2229 BRT/3114 tdw-Frachtdampfer *Janine* ankaufte, war er bereits 33 Jahre alt. Das war damals jedoch zweitrangig, denn nach dem Zweiten Weltkrieg war Tonnage knapp. Kaufentschlossene Reeder mußten nehmen, was da war, und für das man die entsprechenden Lizenzen und Genehmigungen bekam. Das 87 m lange und 12,83 m breite Schiff war 1918 als *War Musket* in Bristol für den staatlichen britischen *The Shipping Controller* als Ersatz für Kriegsverluste fertig geworden. 1919 kaufte eine belgische Reederei das Schiff und setzte es als *Sierra Leone* ein. 1925 wechselte der Dampfer, der als Antrieb eine 1100 PSi leistende Dreifach-Expansionsmaschine besaß, als *Janine* unter die Tricolore. Diesen Namen übernahm auch die dänische Reederei A/S Trampservice, die den Dampfer im Oktober 1948 erwarb. Als deutsche *Thor* beendete das Schiff 1958 seine Fahrtzeit. Die letzte Reise von Emden nach Bremerhaven zum Abbruch machte der Dampfer als Anhang eines Schleppers.

Lucky Star II

Im Dezember 1964 machte sich der älteste Sohn des Lübecker Reeders Egon Oldendorff, Klaus Egon, mit seiner Reederei „NORD" in Hamburg selbständig. 1966 brachten zwei in Norwegen günstig erworbene Schwesterschiffe seine Flotte auf vier Einheiten. Die *Nordheide* ex *Garnes* und *Nordlore* ex *Raknes* (die ihren Namen nach der damaligen Ehefrau des Reeders, Heidelore, bekamen) fielen in der bundesdeutschen Flotte auf, beide wiesen die für Singledecker nicht übliche Anordnung von Maschine und Aufbau dreiviertel achtern auf. Ungewöhnlich waren auch die großen Ponton-Klapplukendeckel, die bei Indienststellung der Schiffe eine Innovation darstellten. Beide waren 1948 von Odero Terni Orlando in La Spezia gebaut worden. 1970 verkaufte Klaus Egon Oldendorff beide 3130 tdw-Frachter nach Griechenland, nahm sie jedoch in eine zweijährige Rückcharter. Die *Nordlore* wechselte ab 1973 mehrfach den Eigner, zuletzt 1982, als die Athens Breeze Navigation SA in Piräus das 2342 BRT-Schiff mit einem 1350 PSe-FIAT-Motor erwarb. Der Name *Lucky Star II* hatte offenbar wenig glücklichen Einfluß auf das Schicksal des Schiffes. Es strandete Anfang 1982 bei Githion auf der Halbinsel Peleponnes, kam einige Jahre später frei und wurde zum Abbruch nach Perama geschleppt.

Saxonia

Dieser Eindecker war für die Massengutfahrt konzipiert und 1930 von der Werft Lindholmens Motala AB in Göteborg als *Robur V* an polnische Auftraggeber abgeliefert worden, die mit ihm polnische Kohle nach Schweden und Holz zurück beförderten. Ab 1941 bereederte die britische Reederei W. Cory & Co. Ltd. den 1981 BRT / 2706 tdw-Dampfer als *Kordecki.* Im Oktober 1950 kaufte schließlich die Hamburger Reederei und Kohlenhandelsfirma Bd. Blumenfeld & Co. den Dampfer, den sie nach einigen Umbauten am 18. November 1950 übernahm und nach dem Firmengründer *Bernhard Blumenfeld* benannte. 1957 erwarb der Reeder Werner Peters aus Hamburg den zehn Knoten schnellen Dampfer und nannte ihn *Saxonia* (Foto: Rolf Meinecke). 1960 wurde er nach Italien verkauft und 1968 in Jugoslawien abgebrochen.

Kolberg

206 Jahre lang hatte die Reederei Rudolf Christian Gribel Bestand: 1773 in Stettin gegründet und 1979 im Lübecker Handelsregister gelöscht. Ihre große Zeit hatte sie von der Jahrhundertwende bis 1939, als RCG-Dampfer in allen Nord- und Ostseehäfen zu sehen waren. Von den 1939 vorhandenen 32 Dampfern überlebten viele den Krieg und konnten, da sie unter 500 BRT groß waren, auch behalten werden. Das von Stettin ausgehende Linien- und Kontraktnetz war jedoch zerschlagen, und so mußte RCG mit Dampfern wie der 1925 in Stettin gebauten *Kolberg* nach 1945 von Lübeck aus einen Neuanfang in der Trampfahrt versuchen, der nur bedingt gelang. Die 693 BRT große *Kolberg,* ausgerüstet mit einer 500 PSi leistenden Dampfmaschine, war seit 1947 in Lübeck beheimatet und wurde nach 35jährigem Dienst im Juli 1960 in Bremerhaven abgebrochen. Das Foto zeigt den Dampfer beim Holzlöschen in Antwerpen 1950. Die unter dem Namen sichtbare „Kontrollratsnummer" mußte bis Anfang 1951 geführt werden. *Foto: Urbain Ureel*

Ville de Bastia

Diesen wesentlich größer als seine 985 BRT es festlegen aussehenden Frachter könnte man auch den Linienfrachtern zuordnen. Die in Marseille ansässige Reederei Cie. Charles le Borgne ließ den 1127 tdw-Frachter 1951 in Alblasserdam für linienähnliche Verkehre im Mittelmeer bauen, die *Marie Therese le Borgne* fuhr zwischen Frankreich und Algerien. An der Mittelmeerfahrt änderte sich auch 1960 durch den Verkauf an Comptoir General de Transports in Marseille nichts, der Name lautete nun bis 1970 *Ville de Bastia.* Weitere Eigner- und Namenswechsel in *Bagheera* und *Baltique* folgten, bis der kleine Frachter 1979 schließlich nach Singapure verkauft wurde. Auf dem Foto von Urbain Ureel erreicht er in wenigen Minuten den Hafen von Rouen.

Glimmaren

Eriksbergs Mekaniske Verksteder in Göteborg lieferten 1939 den 3165 BRT-Motorfrachter *Glimmaren* an die Rederi AB Transatlantic. 22 Jahre fuhr der 6170 Tonnen tragende Zwischendecker mit der markanten Teakholz-Brückenverkleidung als Linienfrachter in den Nordamerika-Diensten seiner Eigner, dann wechselte er wie unzählige andere Linienfrachter in die Trampfahrt. Von 1961 bis 1964 fuhr er als *Boscombe Down* für Londoner Eigner, danach für drei verschiedene Hongkong-Reeder als *Tong Sing*. Die Strandung vor Tung-Hai Tao am 16. Dezember 1974 beendete seine Karriere. Schlepper befreiten den Havaristen zwar aus seiner mißlichen Lage, die Schäden waren aber so schwerwiegend, daß nur noch der Abbruch (in Tsamkong) blieb. *Foto: Alex Duncan*

Franz Mathies

Ludwig Friedrich Mathies machte sich 1846 in Hamburg mit Agenturgeschäften selbständig, ab 1859 betrieb er Liniendienste in die Ostsee. 1934 erwarben Rob. M. Sloman jr., Arthur Sommer und Sartori & Berger die Firma und wandelten sie in die heute noch bestehende Mathies Reederei KG um. Der Name L. F. Mathies & Co. lebte 1950 als Reederei neu auf, als diese Firma mit neuen Gesellschaftern nacheinander vier angekaufte Dampfer und 1957 einen Neubau in Fahrt setzte. Der Dampfer *Franz Mathies* (839 BRT/1180 tdw) war 1924 in Marstal als *N. J. Ohlsen* auf der dänischen Insel Ærø gebaut und 1950 angekauft worden. Hier ist er Anfang der 50er Jahre im Dock der Emder Cassens-Werft zu sehen, die im Jahre 2000 ihr 125jähriges Jubiläum feiern kann. Ein schlechter Frachtenmarkt zwang L. F. Mathies & Co. im August 1958 zum Auflegen des Dampfers. Zehn Monate später wurde er zum Abbruch verkauft. 1972 stellten L. F. Mathies & Co. ihren Betrieb ein.

Karen Bolten

Die alteingesessene Hamburger Schiffsmaklerfirma und Reederei Aug. Bolten Wm. Miller's Nachfolger übernahm am 30. September 1954 von der LMG den 1912 BRT großen und 3840 Tonnen tragenden Frachtdampfer *Karen Bolten,* der über ein durchlaufendes Zwischendeck und eine Doppelverbundmaschine mit Abdampfturbine und 1850 PSi Leistung verfügte. Er wurde meistens in kurzen oder längeren Linienchartern eingesetzt, z. B. wie auf diesem Bild bei der griechischen Hellenic Lines in deren Dienst vom Kontinent ins östliche Mittelmeer. 1964 kaufte die East Bengal Steamship Co. Ltd. in Karachi den Dampfer und beschäftigte ihn noch sechs Jahre als *Sakhawat* bzw. *Shujat.* Schon 1970, nach nur 16 Jahren Fahrtzeit, erfolgte der Abbruch in Pakistan. *Foto: Alex Duncan*

Colonia

Ciandra und *Colonia* hießen zwei formschöne Schwesterschiffe, die 1952 von der Fr. Lürssen Werft in Vegesack für die Translanta GmbH gebaut wurden. Die 68 m langen und 1550 tdw-Frachter wurden in Zeitcharter von verschiedenen Linien eingesetzt, bis 1959 vor allem in der Fahrt zu den Großen Seen von Nord-amerika. Die Bremer Reederei war eine Tochter der Rendsburger Ahlmann Carlshütte KG, die außerdem auch einige Kümos besaß. Im Sommer 1953 wurden *Ciandra* und *Colonia* zu Wechseldeckern umgebaut; dadurch ergaben sich beim Volldecker 1587 BRT und 2190 tdw, die Parameter als offener Schutzdecker blieben. 1961 kaufte der Kieler Reeder und spätere schleswig-holsteinische Wirtschaftsminister Knud Knudsen den Frachter und nannte ihn *Hohenhörn.* 1964 erwarben Smith's Coaster Ltd. in Durban den Frachter für Transportaufgaben an der afrikanischen Küste. Weitere Stationen im Pazifik folgten, bis das Schiff 1977 nach einem Feuer in Singapur sank.

Hans Bernstein

1910 bauten die Stettiner Oderwerke AG den 2198 BRT großen und 3250 Tonnen tragenden Frachtdampfer *Brandenburg* für die ebenfalls Stettiner Hedwigshütte Antracit-, Kohlen- & Kokswerke J. Stevenson AG. Er mußte 1920 an Großbritannien ausgeliefert werden, kehrte aber im November 1929 nach Stettin zurück, als ihn die dortige Reederei Franz L. Nimtz aus Hull ankaufte. Als *Franz Jürgen* überstand er fast den ganzen Zweiten Weltkrieg, erlitt aber am 9. April 1945 in Kiel einen Bombentreffer, der so schwere Treffer verursachte, daß das Schiff an der Pier der Germaniawerft sank. Später wurde es gehoben und kam unter dem Namen *Franz Jürgen J. Nimtz* für seine nun in Hamburg ansässige Reederei in Fahrt. Im Herbst 1954 suchte die nun anderen Gesellschaftern gehörende und in Hamburg ansässige Hedwigshütte Kohlen- & Cokeswerke GmbH einen Frachter zur Abdeckung eigener Transportbedürfnisse in Nord- und Ostsee. Auch ihre ehemalige *Brandenburg* wurde angeboten, schließlich gekauft, zum Motorschiff umgebaut und als *Hans Bernstein* in Fahrt gebracht. Am 3. November 1969 strandete der Frachter im Sturm auf der Reise von St. Malo nach Klaipeda kurz vor der Hafeneinfahrt des ehemaligen Königsberg. Flaches Wasser und eine schnelle Versandung verhinderten die Bergung. *Foto: Urbain Ureel*

Rohrbach

Wie viele Schiffe der Nachkriegszeit hatte auch die *Rohrbach* ein bewegtes Schicksal. Bestellt hatte den 1595 BRT / 3050 tdw-Frachter im Februar 1940 die belgische Plouvier Maritimes SA bei J. Boel & Fils in Tamise. Nach Einmarsch deutscher Truppen in Belgien wurden der Bauvertrag aufgehoben und der angefangene Bau beschlagnahmt, dann gegen Kostenerstattung übernommen. Im Mai 1944 wurde er schließlich als *Hansburg* der Reederei H. Schuldt als Ersatz für Kriegsverluste zugeteilt und im Juni 1944 abgeliefert. 1944 und 1945 erlitt der Motorfrachter drei so schwere Schäden, daß sich der ursprüngliche belgische Eigner entschloß, das Wrack zum Abbruch zu verkaufen, als man es ihm 1949 zurückgab. Schiffsraum war in jener Zeit knapp, und man hatte schon ganz andere Wracks wieder fahrbereit gemacht. Aug. Bolten, Wm. Miller's Nachfolger kaufte es und ließ den Zwischendecker von der Seebeck-Werft wieder instand setzen. Im Februar 1952 kam er als *Heidberg* wieder in Fahrt. Bis 1965 bereederte Bolten das Schiff, das schon 1956 einen neuen Motor erhalten hatte, zuletzt als *Rohrbach*. 1965 erwarb die Reederei F. G. Reinhold den Frachter, der bis 1969 als *Sankt Jacob* ihr einziges und letztes Schiff darstellte. 1973 sank die *Sankt Jacob* aufgrund undichter Bodenplatten vor Tunesien. *Foto: FotoFlite incorporating Skyfotos*

Gonzenheim

Auch ehemalige Leichter wurden in Zeiten knapper Tonnage nach dem Zweiten Weltkrieg zu Seeschiffen umgebaut. Die vor allem in der Massengutfahrt engagierte Metallgesellschaft-Tochter Unterweser Reederei AG in Bremen kaufte 1948 einen 1941 in Finnland gebauten Seeleichter und ließ ihn von der Seebeck-Werft in Bremerhaven zum ladegeschirrlosen „Minibulker" *Gonzenheim* mit 2135 BRT/3504 tdw umbauen. Damit war der Frachter gewissermaßen seiner Zeit voraus, heute sind nur noch solche Schiffe in der europäischen Massengutfahrt tätig. In der Genehmigung der Alliierten für das Schiff sprach man allerdings von „inland water craft and coaster" (das war genehmigungstechnisch nämlich einfacher!). Das fehlende Ladegeschirr schränkte das Fahrtgebiet damals allerdings erheblich ein. Daher wurde der Frachter 1952 in Emden zum Schutzdecker mit Ladegeschirr umgebaut. 1971 kaufte die Hamburger Reederei H. F. Cordes GmbH den immerhin 90 m langen Frachter und betrieb ihn als *Maria C.* 1973 erwarb der Lübecker Reeder Friedrich Beutelrock das Schiff und machte aus ihm eine *Maria B.* 1979 wurde es als *Ymir* in Leer verschrottet. *Foto: FotoFlite incorporating Skyfotos*

Heddernheim

Auch der spätere Schutzdecker *Heddernheim* der Bremer Unterweser Reederei AG war 1942 in Helsinki bei Wärtsilä als Leichter für die Kriegsmarine gebaut, 1949 angekauft und ebenfalls von der Seebeck-Werft umgebaut worden. Aus diesem Leichter entstand ebenfalls ein 90 m langes Seeschiff, das aber mit Zwischendeck, eigenem Ladegeschirr für vier Luken und getrennten Maschinen- und Brückenaufbauten entstand. Es wurde 1961 verkauft, weil die Unterweser Reederei AG nun größere und modernere Tonnage benötigte. Die Grecomar Shipping Agency Co. Ltd. betrieb den im November 1954 neu motorisierten Frachter 1971 als *Cleopatra.* Ab 1976 hieß er unter verschiedenen griechischen Eignern *Dennis.* Als solcher ist er hier im März 1982 in Ambelaki bei Piräus zu sehen. Naftikai Kataskevai haben ihm das Vorschiff bereits abgetrennt. *Foto: Bent Mikkelsen*

Weissesee

Als der deutsche Schiffbau nach dem Zweiten Weltkrieg noch erheblichen alliierten Beschränkungen unterlag, blieben den deutschen Reedern zum Wie-deraufbau nur die Instandsetzung von Wracks, andere Fahrzeuge zu „richtigen" Schiffen umzubauen oder der – devisenbegrenzte – Ankauf aus dem Ausland. Der Bremerhavener Reeder Wilhelm Schuchmann hatte im Februar 1950 Glück, er hatte von der Londoner Moor Line Ltd. der Reederei Runciman & Co. deren 1928 bei Wm. Doxford & Co. in Sunderland gebauten 4429 BRT / 8400 tdw-Dampfer *Innesmoor* erworben, er bekam auch Export-, Import- und die Devisengenehmigungen. Die Bremer Linienreederei DDG „Hansa" nahm den Zwischendecker mit fünf Luken und kräftigem Ladegeschirr unverzüglich in Charter und beschäftigte ihn mehrere Jahre lang in ihrem Linienverkehr zum Persischen Golf und nach Indien/Pakistan. Als die Charter Mitte der fünfziger Jahre auslief, wich der Frachter in die Trampfahrt aus. Als 1957 der Frachtenmarkt einbrach, mußte das Schiff Ende März 1958 aufgelegt werden. Es kam nicht wieder in Fahrt. Im März 1960 wurde es abgebrochen. *Foto: FotoFlite incorporating Skyfotos*

Wiedenborstel

Im April 1950 machte sich der gebürtige Apenrader Schiffahrtskaufmann Christian F. Ahrenkiel mit einer geringen Abfindung, die er als HAPAG-Vorstandsmitglied erhalten hatte, selbständig. Als er 1994 im Alter von 93 Jahren starb, hatte sich seine Reederei zu einer der größten in Deutschland entwickelt. Das Handelshaus Thams & Garfs in Hamburg ließ 1953 von der Schiffswerft Wilhelm Holst den 1380 BRT / 1920 tdw-Motorfrachter *Wiedenborstel* bauen, den sie Christian F. Ahrenkiel zur Bereederung übergab. Es war schon sein siebtes Schiff. Als das Schiff 1960 eine Zeitcharter bei der britischen Cunard-Line antrat, mußte es in *Caria* umbenannt werden. Es war der erste deutsche Namenswechsel aufgrund einer Zeitcharter. Nach Ende der Charter (das Schiff fuhr zwischen Großbritannien und den Großen Seen) wurde der Frachter nach Indonesien verkauft. Am 2. Dezember 1972 ging er in einem Taifun im Südchinesischen Meer verloren. *Foto: Rolf Meinecke*

Senior

1956 kaufte die im Baumwollgroßhandel tätige Firma Schmidt & Co. aus Dänemark den ehemaligen Sloman-Dampfer *Valencia* an, dem sie den neuen Namen *Senior* gab und für den Ahrenkiel & Bene als Korrespondentreeder fungierten. Mit dem Schiffahrtskaufmann Dieter Bene hatte Ahrenkiel 1952 eine zweite Reederei gegründet. Bauwerft war die „Neptun"-Werft. Die auftraggebende Reederei Rob. M. Sloman jr. setzte den 3096 BRT / 5520 tdw-Dampfer in der Mittelmeerfahrt ein. Ab 6. September 1939 fuhr der Dampfer als Netzleger für die Kriegsmarine und havarierte im Laufe der Kriegsjahre zweimal schwer. 1945 befand er sich auf Grund liegend in Stadlandet und wurde von Norwegen beschlagnahmt. Nach Reparatur fuhr er zunächst als norwegische *Valencia* und ab 1947 als dänische *Ulla*, bis er im Februar 1956 als *Senior* unter die deutsche Flagge zurückkehrte. Das Bild zeigt den in Ballast hoch aufragenden Dampfer 1956 auslaufend Hamburg. Er fuhr nur noch vier Jahre unter deutscher Flagge, wurde im Januar 1960 nach Tripoli verkauft, nicht umbenannt und 1969 verschrottet. *Foto: Rolf Meinecke*

Frieda Peters

1871 machte sich Kapitän Hinrich Peters aus Estebrügge selbständig. Aus seinem Unternehmen mit Leichtern und Schleppdampfern entwickelte sich ab 1930 eine Reederei mit Dampfern und Motorschiffen, die in Nord- und Ostsee und gelegentlich ins Mittelmeer trampten. Von E. B. Aaby's Rederi in Oslo erwarb H. Peters im Juni 1950 deren Dampfer *Faro*, der aber erst am 1. Oktober 1951 als *Frieda Peters* in Bergen übernommen werden konnte. Kapitän Müller brachte den Dampfer mit einer Ladung Erz von Thameshaven nach Lübeck, wo er anschließend zur Überholung zu den Flender Werken verholte. Im April 1954 ließ ihn H. Peters in Cuxhaven zum Motorfrachter umbauen. Das sehr stark gebaute Schiff machte den Umbau, bei dem sich die Tragfähigkeit um 150 Tonnen auf 1528 Tonnen erhöhte. Papier- und Grubenholz gehörten zu den häufigen Ladungen der Peters-Flotte. Der 990 BRT große Frachter war 1922 bei den Norddeutschen Unionwerken in Boizenburg an der Elbe als *Sebenico* für die HAPAG gebaut worden und 1940 als *Imatra* von Norwegen beschlagnahmt. Ende 1966 kauften ihn Eckhardt & Co. in Hamburg zum Abbruch. *Foto: FotoFlite incorporating Skyfotos*

Dennis B.

Die Reederei und Kohlenhandelsfirma Bd. Blumenfeld übernahm 1951 als ihren ersten Nachkriegsneubau die *Ernst Blumenfeld*, die als universell einsetzbares Frachtschiff oft in Zeitcharter für Linienreedereien fuhr und nicht für den eigenen Kohleverkehr vorgesehen war. Von diesem Typ baute die Howaldtswerke AG in Hamburg eine Reihe weiterer Schiffe, u.a. für Stinnes. Zwei Viertakt-Sechszylinder-Motoren mit zusammen 2400 PSe arbeiteten über ein Getriebe auf eine Welle und gaben dem 3912 BRT / 5720 tdw-Frachter eine Geschwindigkeit von 12,5 Knoten – das erachtete man damals als mehr wie ausreichend. Das Schiff wechselte bis zu seinem Ende Anfang der 80er Jahre oft Eigner und Namen. Für die Mare Nostrum Navigation Co. Ltd. in Famagusta fuhr der Frachter von 1973 bis 1976, zuerst als *Merak,* ab 1974 als *Dennis B.* Als solche lichtete Stefan Lipsky den Frachter im Hamburger Hafen ab, als er voll beladen auf einen Löschplatz wartete.

Odin

Daß die Emder Nordseewerke AG einen Großteil der Flotte der Seereederei „Frigga" AG bauten, ist nicht verwunderlich. In beiden war die Industrie an Rhein und Ruhr stark engagiert. Am 28. April 1952 lieferten die Emder Nordseewerke als ersten „Frigga"-Nachkriegsneubau den 10 650-Tonner *Odin* ab. Der Fünf-Luken-Frachter war ein für damalige Verhältnisse großer Frachter, und er kam in der Erzfahrt von Narvik, Liberia und sogar Südamerika nach Emden und Rotterdam zum Einsatz, von wo aus seine Ladung per Binnenschiff zu den Hütten an Rhein und Ruhr gebracht wurde. Das 6501 BRT-Schiff bekam noch die Reederei-Schwestern *Baldur, Widar, Hödur, Aegir* und *Brage.* Insgesamt bauten die Emder von diesem Typ 19 Einheiten, die sich nur durch geringe Modifikationen von einander unterschieden. 1964 wurde die *Odin* als *Marilena P* nach Panama verkauft, größere Massengutfrachter traten an ihre Stelle. 1969 übernahmen andere panamaische Eigner den Frachter und nannten in *Sunday.* Wiederum neue Eigner entschieden sich 1975 für den neuen Namen *Monday.* An einem Dienstag im Mai 1979 erreichte das Schiff Split, wo es abgebrochen wurde. *Foto: FotoFlite incorporating Skyfotos*

Ilse Schulte

1883 gründeten Johann Hermann Schulte und Christoph Bruns in Papenburg eine Schiffsmaklerfirma, die heute noch besteht und die sich bald zur Reederei entwickelte. Johann Hermann Schulte führte ab 1892 in Emden eine zweite Firma Schulte & Bruns, die sich zu einem der führenden deutschen Schiffahrtsunternehmen entwickelte. Leider mußte sie 1977 Konkurs anmelden, weil eine nervöse Bank zum falschen Zeitpunkt Kredite kündigte. (Die Abwicklung brachte eine Quote von 90 [!] Prozent.) Mit jeweils großen Schiffen beförderten Schulte & Bruns große Mengen an Erz und Kohle für die deutsche Hüttenindustrie. Für diesen Verkehr waren drei 10 000 tdw-Frachter gedacht, die Schulte & Bruns 1951/52/53 als *Henriette Schulte, Melanie Schulte* und *Ilse Schulte* (Foto) in Fahrt setzte. Der Name *Melanie Schulte* steht für eine der größten Katastrophen auf See, von der die deutsche Nachkriegsschiffahrt betroffen wurde. Seit dem 21. Dezember 1952 ist das Schiff mit 35 Besatzungsmitgliedern verschollen. Die 6202 BRT / 9960 tdw große *Ilse Schulte* legte mit 30 Jahren Fahrtzeit ein gutes Zeugnis für Emder Schiffbaukunst ab. Als italienische *Machiavelli* wurde sie 1982 abgebrochen.

Ursula Schulte

Schulte & Bruns bauten ihre Flotte sowohl mit Neubauten als auch mit Ankauftonnage auf. Die 4289 BRT große und 7840 Tonnen tragende *Ursula Schulte* kauften sie im März 1953 von der HAPAG. Die hatte den 1929 in Kopenhagen bei Burmeister & Wain als *Somerville* gebauten Zwischendecker von 1950 bis 1953 als *Sachsenwald* betrieben. Zunächst blieb das Schiff unter diesem Namen in HAPAG-Rückcharter beschäftigt, bis es im August 1953 den Namen *Ursula Schulte* erhielt. Im März 1954 wurde die Alfred C. Toepfer Schiffahrt GmbH Partner und im März 1956 auch die Dollart Reederei GmbH. 1963 wurde eine von Schulte & Bruns geführte Partenreederei Alleineigner, und 1966 wurde der Name in *Dukegat* geändert. Das Foto von Urbain Ureel zeigt das Schff 1966 kurz vor der Umbenennung auf der Seine. Typisch für norwegische Frachter jener Bauzeit sind die teakholzverkleidete Brücke und die Anordnung von der Luke 3 zwischen Brücken- und Maschinenaufbau. 1969 fanden sich in Dubai noch Käufer für den Oldie. Sieben Jahre fuhr er als *Mohammed Abbas* unter der Flagge von Dubai, dann wurde er als Lagerschiff verwendet.

Espen

Die britische Werft Short Bros. lieferte im November 1955 den 5967 BRT/10 210 tdw-Motorfrachter *Espen* an die IS Espen in Oslo, für die Björn Ruud-Pedersen die Geschäfte führte. Auf dem Bild ist der Zwischendecker *Espen*, der mit einem 550 PS leistenden, von Kincad in B&W-Lizenz gebauten Motor 14 Knoten lief, in Charter der South African Lines in Kapstadt zu sehen. Als Deckslast befinden sich sechs in Großbritannien gebaute Passagierwaggons an Bord. Im Juni 1963 kauften Lemos & Co. Ltd., London, den Frachter für 243 500 britische Pfund und betrieben ihn die folgenden 13 Jahre als *Aghios Nikolas*. 1976 wurde der Frachter nach Singapur verkauft, in *Tong Hong* umbenannt und 1982 als *Cosmos Merchant* in Kalkutta abgebrochen.

Romandie

Auch wenn die Schweiz über den Rhein nur bedingten Zugang zum offenen Meer hat, betreiben verschiedene Schweizer Reedereien seit 1941 Hochseeschiffahrt. Für die Suisse-Atlantique SA in Lausanne wurde am 3. September 1942 als 46. Schweizer Seeschiff der in England gebaute 5807 BRT / 10 825 tdw-Frachter *Romandie* registriert. Im September 1956 wechselte er als *Sils* zur Oceana Shipping AG in Zürich und markierte damit den einzigen innerschweizerischen Verkauf. 1965 wurde der Frachter ins Ausland verkauft. Bislang gab es knapp 140 Schweizer Schiffe, deren Gesamtzahl in den letzten Jahren sehr rückläufig ist, weil natürlich auch Schweizer Reedereien mit dem hohen (an deutschen Heuern orientierten) Lohnniveau in der Trampschiffahrt nicht mehr wettbewerbsfähig sind. 1985 nahm die Schweizer Flotte mit 34 Schiffen den 68. Rang in der Welthandelsflotte ein.

Ferrol

Kurz vor ihrem Abbruch, der im Juli 1979 in La Spezia begann, wurde die *Ferrol* der von dem Genueser Reeder Eugenio Tuillier kontrollierten Sandromar SA, Panama, fotografiert. Das Wechselschiff mit Vermessungen von 2591 / 4642 BRT bzw. 5400 / 7518 tdw wurde im August 1952 von der Bremerhavener Rickmers Werft als *Edda Cords* an die Reederei August Cords & Cords & Co. GmbH in Bremen abgeliefert, mit der Carl Cords aus der alte Rostocker Reederfamilie nach dem Zweiten Weltkrieg den Neuaufbau des Unternehmens begann. Es wurde hauptsächlich in der Fahrt nach und von Westafrika (mit Edelholz für Bremen) beschäftigt. Zusammen mit Kapitän Buck besaß man mit der *Karin Cords* noch ein zweites, kleineres Schiff. Nach dem Tode von Carl Cords am 19. April 1970 fuhr das Schiff noch ein Jahr in einer von ihm ausgehandelten Zeitcharter, dann wurde die *Edda Cords* durch Vermittlung des Schwiegersohns Klaus G. Bertheau nach Italien verkauft. *Foto: Vermutlich Rudi Kleijn*

Karina

Die Gutehoffnungshütte AG in Walsum bei Duisburg baute in den fünfziger Jahren eine Reihe von Seeschiffen, so auch die *Radbod*, an deren Partenreederei sie selbst beteiligt war. Mit der Bereederung des Zwischendeckers, der bei 1101 BRT gut 1700 Tonnen laden konnte, war die Reederei Fisser & van Doornum beauftragt. Sie setzte den mit eigenem Ladegeschirr und zwei recht großen Ladeluken ausgestatteten Frachter in der weltweiten Fahrt ein. Schon 1957 verkaufte die Partenreederei das Schiff nach Frankreich, als *Belem* war es nun in Rouen beheimatet. Ab 1968 gehörte der offene Schutzdecker sechs verschiedenen griechischen Reedereien. Von 1980 bis 1981 hieß er *Karina*. Es folgten noch Namenswechsel als *Poseidon*, *Themar T* und *Nicolas V*, bis das Schiff 1984 in Piräus abgebrochen wurde. *Foto: Urbain Ureel*

Ginnheim

Die Flensburger Schiffsbau-Gesellschaft baute schon ab Anfang der fünfziger Jahre große Frachtmotorschiffe. Bei seiner Ablieferung am 6. August 1955 zählte der 14 270-Tonner *Ginnheim* zu den größten deutschen Trockenfrachtern. Er kam vor allem in der transatlantischen Kohle- und Erzfahrt zum Einsatz und hatte wie alle Schiffe der Bremer Unterweser Reederei AG den Namen eines Frankfurter Stadtteils erhalten. 16 Jahre fuhr die *Ginnheim* für die Unterweser Reederei AG, 1971 kaufte sie die Solidarity Shipping Co. SA in Piräus und betrieb das Schiff bis zu seinem Abbruch im März 1979 im spanischen Burriana als *Eternity*.

Lovisa Gorthon

Auch in Schweden betrieben zahlreiche Reeder mit einer bunt gemischten Flotte Tramp- und Linienschiffahrt. Die in Helsingborg ansässige Gorthons Rederi gehört zu den wenigen schwedischen Schiffahrtsunternehmen, die heute noch Schiffahrt betreiben, dazu noch unter schwedischer Flagge. Die Øresundsvarvet in Landskrona lieferte im November 1953 den 2112 BRT / 3525 tdw-Motorfrachter *Lovisa Gorthon* an die Rederiaktiebolag Gylfe ab, für die Stig Gorthon als Korrespondentreeder agierte. Der Frachter wurde in der allgemeinen Trampfahrt beschäftigt; Holz und erste Papierverschiffungen dürften schon damals zu den Ladungen gehört haben. Der Fünf-Luken-Frachter wurde in konventioneller Bauweise hergestellt, die Luken waren noch mit hölzernen Lukendeckeln und Persenningen abgedeckt. Hier ist der Frachter wohl auf einer kurzen Verholreise zwischen zwei Lade- oder Löschhäfen bei bestem Wetter unterwegs. Mit den Regenzelten auf den Luken wäre der Kapitän bestimmt nicht auf See gegangen. 1970 verkaufte Stig Gorthon den Frachter nach Griechenland, der 1980 in Spanien abgebrochen wurde. *Foto: FotoFlite incorporating Skyfotos*

Superiority

Zu den wenigen britischen Reedereien, die heute noch bestehen und erfolgreich Schiffahrt betreiben, gehört die Everard Shipping Co. Ltd. aus Greenhithe an der Themse, die 1922 als Leichterfirma begann. Sie betrieb bis heute rund 250 eigene Fracht- und Tankschiffe, dazu noch einmal fast 100, die im Auftrag anderer Unternehmen befrachtet und/oder bereedert werden. In der Schiffahrt erkennt man ein Everard-Schiff an dem auf *-ty* endenden Namen, so wie bei *Superiority.* Diesen typisch britischen, wenn auch modernen Collier (Kohlenfrachter) baute die Goole Shipbuilding & Repairing Co. Ltd. in Goole 1947 für Everards. Diese beschäftigte ihn 22 Jahre lang im britischen Home-Trade rund um die Britischen Inseln und nur gelegentlich hinüber in die nahe gelegenen niederländischen und belgischen Häfen. Auf dem Bild wird auch das Geheimnis der Luftfotos, der *Skyfotos*, gelüftet. Eine der beiden ersten Flugzeuge dieses britischen Luftfotounternehmens ist hier zu sehen. *Foto: FotoFlite incorporating Skyfotos*

Holstein

Das 824/1221 BRT-Wechselschiff *Holstein* blieb das einzige Schiff seiner Glücksburger Reederei GmbH und auch das einzige Seeschiff, das je den Heimathafen Glücksburg über die Meere trug. Die Rendsburger Krögerwerft lieferte den 71,65 m langen und 10,56 m breiten Frachter am 18. Juli 1953 ab. Seine vier Räume stauten 81900 Kubikfuß Ballen, die Luken wurden mit Holzdeckeln verschlossen, und das Ladegeschirr umfaßte fünf Bäume à 3 Tonnen sowie einen achtern am Großmast getakelten 10-Tonnen-Baum. Ein einfach wirkender MaK-Viertaktmotor entwickelte 1000 PSe bei 300 UpM und ermöglichte eine Reisegeschwindigkeit von 11,5 Knoten. Dabei wurden dann 3,5 Tonnen Gasöl verbraucht, ein mengenmäßig günstiger Wert, wenn man davon absieht, daß Gasöl der teuerste Brennstoff für Schiffe ist. Im Frühjahr 1964 geriet die Reederei in Schwierigkeiten, die *Holstein* wurde im April 1964 an die Kette gelegt, und auf der Zwangsversteigerung am 27. Mai 1964 gab die jugoslawische Slobodna Plovidba in Sibenik das höchste Gebot, sie konnte das Schiff als *Krka* übernehmen. 1982 wurde es als jugoslawische *Neretva* in Split abgebrochen.

Mönkedamm

Insbesondere in den Jahren nach dem Zweiten Weltkrieg wurden Wracks, Leichter und sonstige Fahrzeuge zu Seeschiffen umgebaut. So verwundert es denn nicht, wenn sich die hier im Probefahrtschmuck in der Holtenauer Schleuse liegende *Mönkedamm* als „alter Schlitten" entpuppt. Der Rumpf war nämlich schon 1910 bei Trondhjems MV als *Kong Gudröd* für Det Nordenfjelske D/S von Stapel gelaufen und 26 Jahre in deren Hurtigruten-Dienst an der norwegischen Küste gefahren. Dann wurde das 1138 BRT-Schiff nach Estland verkauft und 1941 als estnische *Estonia* von der Kriegsmarine aufgebracht. Es erlebte wirre Zeiten und war am Ende des Krieges schwer beschädigt. Nachdem ein anderer Reeder den Plan, das Schiff wieder aufzubauen, aufgegeben hatte, kaufte Willy Poeppel, Inhaber der Reederei und Schiffsmaklerfirma S. Stein, das Wrack und ließ es im Sommer 1954 von der Werft Nobiskrug zum Motorschiff *Mönkedamm* mit 1163 BRT / 1687 tdw wieder aufbauen. Selbst Bug und Heck waren erneuert worden, so daß es schwer fiel, dem Schiff seine alte Vergangenheit anzusehen, zumal es durch die Aufbauten einer Nobiskrug-Neubauserie jener Zeit entsprach. Willy Poeppel baute mit der *Mönkeberg* noch einen zweiten Dampfer zum Motorschiff um. 1963 mußte er Konkurs anmelden, aus der Hamburger *Mönkedamm* wurde eine Lübecker *Overbeck*. Das genaue Schicksal des Schiffes ist unbekannt.

Corinthian Trader

1957 baute die Bremer Rolandwerft in Bremen-Ganspe für die Londoner Reederei MacAndrews & Co. den eleganten 1216 BRT-Motorfrachter *Villegas*, der im Liniendienst von Großbritannien zur Iberischen Halbinsel Verwendung fand. Der Baustil mit Brücke mittschiffs und Maschine achtern wurde damals von etlichen deutschen Werften gepflegt, die Reeder waren von ihm angetan, weil einerseits kein Wellentunnel mehr die achteren Laderäume beeinträchtigte und andererseits mit der mittschiffs liegenden Brücke gute Sicht nach vorn gegeben war (das Radar war eben erst in die zivile Schiffahrt eingeführt worden, und Ausgucksleute gehörten noch zu den wichtigen Posten auf See). 15 Jahre behielten MacAndrews & Co. das Schiff. Zwischen seinem ersten Verkauf nach Zypern 1970 bis zum Abbruch 1992 wechselte das Schiff noch sieben weitere Male Besitzer und Namen. Von 1973 bis 1975 gehörte es als *Corinthian Trader* der Commercial Ferries Ltd. in Panama. In dieser Zeit entstand das Foto (Urbain Ureel) in Valletta.

Corinthian

Wie *Mönkedamm, Villegas* und viele andere Neubauten der 50er Jahre besaß auch der Motorfrachter *Maria Russ* der Hamburger Reederei Ernst Russ die Brücke mittschiffs und die Maschine achtern. Ernst Russ ließ sich von der Rendsburger Werft Nobiskrug zwischen 1953 und 1960 acht einander sehr ähnliche Schiffe dieses Typs bauen, zwei kleine und sechs größere. Die *Maria Russ* (1412 BRT / 2143 tdw) war der vorletzte Bau dieser Serie. Er kam wie alle anderen in der Linienfahrt nach Finnland zum Einsatz und besaß daher eine hohe Eisklasse. 1970 ersetzten größere und modernere Schiffe diese Klasse, und was nicht verkauft wurde, setzte Ernst Russ in der Trampfahrt ein. Die *Maria Russ* konnte 1970 als *Corinthian* nach England verchartert werden. Nach einem Brand sank sie am 27. März 1977 vor Fishguard als panamaische *El Tambo. Foto: FotoFlite incorporating Skyfotos*

Montan

Der Wiederaufbau der Ernst Komrowski Reederei in Hamburg nach 1945 war bis 1954 geprägt vom Schiffsbedarf der HAPAG. Seit 1942 besaß der Hamburger Reeder und Stahlhandelskaufmann einen beträchtlichen Teil der HAPAG-Aktien, die er jedoch 1953/54 nach Änderung der Mehrheitsverhältnisse abgab. Ab 1952 lieferte die Deutsche Werft AG der Ernst Komrowski Reederei drei ähnliche 7100 tdw-Frachter, von denen die hier abgebildete *Montan* im November 1956 als letztes Schiff in Fahrt kam. Alle drei einschließlich der ähnlichen, in Emden gebauten *Adrian* waren für die Amerika-Linien der HAPAG bestimmt. Nach Ende des HAPAG-Engagements wurden die Schiffe anderweitig befrachtet. Die *Montan* (4754/7015 BRT – 7800/9746 tdw) fuhr viele Jahre in Zeitcharter der schwedisch-französischen Svedel Line vom Kontinent nach Westafrika. Hier ist sie heimkehrend mit einer vollen Ladung Edelholzstämme (Logs) zu sehen. *Foto: FotoFlite incorporating Skyfotos*

Anita Dan

Der Ursprung der heutigen Reederei J. Lauritzen A/S geht auf den 1884 von Ditlev Lauritzen gegründeten Holz- und Baustoffhandel zurück. Dessen Vater Jörgen besaß seit 1866 den Schoner *Johanne*, mit dem er vornehmlich Holz transportierte. 1888 kauften Ditlev Lauritzen und sein Sohn Jörgen günstig den Dampfer *Uganda*, mit dem sie englische Kohle exportierten. Mit der 1895 gegründeten Vesterhavet A/S gründeten sie in Esbjerg eine Reederei, die ständig ausgebaut wurde. 1939 umfaßte die Flotte 47 Schiffe mit 112 000 tdw. Nach dem Zweiten Weltkrieg wurde das Unternehmen zu einem Konzern ausgebaut, zu dem schließlich auch Werften sowie die große Reederei DFDS gehörten. Die arktische Spezialfahrt nach Grönland wurde bereits seit 1916 betrieben und nach 1950 ausgebaut. Deutsche Werften lieferten mehrere speziell für die Arktisfahrt gebaute Schiffe, so die Krögerwerft in Rendsburg 1956 den 2641 BRT großen Schutzdecker *Anita Dan*. Dieses Schiff war nach *Magga Dan* das zweite Lauritzen-Schiff, das die heute noch übliche rote Rumpffarbe erhielt. Der „Nachname" *Dan* war 1944 zur Unterstreichung der dänischen Nationalität eingeführt worden. Die *Anita Dan* wurde 1967 an das britische Verteidigungsministerium verkauft, das sie zum arktischen Versorgungsschiff *Endurance* umbauen ließen. 1999 ist es noch als *Endurance* in Fahrt.

Susanne Skou

Der von der dänischen Seefahrerinsel Fanø vor Esbjerg stammende Ove Henry Skou machte sich 1929 als 23jähriger selbständig. Bis 1945 setzte er neun reine Trampdampfer in Fahrt. Danach waren es vornehmlich liniengängige Motorfrachter, nun wurde auch der Familienname Bestandteil der Namensgebung. Ab 1949 bauten die Schiffswerften in Kopenhagen, Helsingør, Nakskov und Kiel 25 Schiffe, die alle mehr oder weniger der abgebildete *Susanne Skou* ähnelten, dennoch keine Schwesterschiffe waren. Sie fielen in jedem Hafen aufgrund ihrer sehr eleganten Linien und mit dem immer sehr gepflegten weißen Anstrich auf. Die *Susanne Skou* (4427 BRT / 7050 tdw) wurde im November 1954 von Burmeister & Wain an Ove Skou abgeliefert. 1967 wurde sie in *Petra Skou* umbenannt und 1973 nach Griechenland verkauft. Sie hieß zunächst *Myrto*, später *Ino* und wurde 1980 in Kaohsiung abgebrochen. Ove Skou machte den Strukturwandel zur Containerschiffahrt nicht mit und setzte statt dessen auf die Bulkschiffahrt. 1990 gab er den Reedereibetrieb auf. *Foto: Rudi Kleijn*

Steendiek

1957 baute die Schiffswerft von August Pahl in Hamburg-Finkenwerder auf eigene Rechnung das 1674 BRT / 2615 tdw-Frachtmotorschiff *Steendiek*, das ist die plattdeutsche Bezeichnung der Straße Steindeich, an der die Werft lag. Da sich auch nach Fertigstellung kein Käufer für den liniengängigen Zwischendecker mit zwei großen Luken fand, betrieb August Pahl das Schiff sechs Jahre lang auf eigene Rechnung, die Befrachtung besorgte die alteingesessene Hamburger Maklerfirma Johs. Thode. 1963 fand er Interessenten in Island, die den Frachter zunächst als *Hvitanes* in Charter nahmen und 1964 kauften. Bis 1976 fuhr er als *Vatnajokull* und *Laxfoss* unter isländischer Flagge und wurde dann als *Sunlink* nach Limassol verkauft. Eigner- und Namenswechsel als *Aetos*, *Sadaroza* und *Faisal I* folgten. Am 19. Dezember 1986 lag der Frachter mit einer Ladung Kuhmist auf der Reede von Port Muhammad Bin Qusaim und wartete auf einen Löschplatz, als im Maschinenraum ein Feuer ausbrach. Es blieb nur der Abbruch. *Foto: Urbain Ureel*

Georgios K.

Elegant waren die Linien des Linienfrachters *Georgios K.* der griechischen Spartion Maritime Inc. Diese hatte den 1957 im französischen La Ciotat als *Yalou* für die französische Cie. des Messageries Maritimes gebauten Frachter erworben, die den offenen Schutzdecker mit 6998 BRT / 8945 tdw in der Linienfahrt in den Pazifik einsetzte. Mit 471 000 Kubikfuß hatte das Schiff einen sehr großen Rauminhalt, die 14 Ladebäume schlossen je einen 60- und 30-Tonnen-Schwerbaum mit ein. Wie viele andere durchaus moderne Linienfrachter mußte die *Yalou* in den siebziger Jahren im Zuge der Containerisierung weichen. Sie wurde 1976 verkauft und fand noch etliche Jahre in der Trampfahrt Verwendung. Sack-, Kisten- und Holzladungen sowie andere massenhafte Partien gab es damals noch reichlich. *Foto: FotoFlite incorporating Skyfotos*

Petrola 30

Die griechische *Petrola 30* war ebenfalls ein ehemaliger Linienfrachter, auch wenn sie so aussieht, als sei sie zum Zwecke des Trampens gebaut worden. War sie auch, als niederländische *Mylady* trampte sie, bis sie 1966 von der Hugo Stinnes Transocean GmbH als *Julius Hugo Stinnes* zum Einsatz im Westafrika-Liniendienst erworben wurde. Nach deren Konkurs wechselte das 2774 BRT / 4210 tdw-Schiff als *Arras* unter liberianischer Flagge wieder in die Trampfahrt. 1975 kaufte der griechische Reeder John S. Latsis den Frachter und nannte ihn *Petrola XXX*, ab 1976 schrieb sich der Name *Petrola 30*. Offensichtlich sollte der Zahlenzusatz nach außen die große Flotte verdeutlichen, die John S. Latsis mit zeitweilig fast 50 Schiffen auch hatte, der größere Teil waren aber kleinere Hafenfahrzeuge. Ab Juni 1987 war mit der *Petrola 30* vermutlich kein Geld mehr zu verdienen, denn Latsis legte den Frachter in Piräus auf. Aber erst acht Jahre später entschloß er sich zum Verkauf des Schiffes zum Abbruch in Griechenland. *Foto: Urbain Ureel*

Geestemünde

Den liniengängigen 9392 BRT / 12 192 tdw-Zwischendecker *Geestemünde* lieferten die Nordseewerke Emden im Oktober 1956 an die Bugsier-, Reederei- & Bergungs AG, Bremerhaven, ab, die zwar eigene Liniendienste nach Dänemark und Irland unterhielt, diesen Neubau aber zum Einsatz auf dem freien Markt konzipierte. Die 155 m lange, 19,15 m breite und 12,10 m seitenhohe *Geestemünde* fuhr bis 1977 für Linienreedereien, auch für die HAPAG, wie auf unserem Bild zu sehen, oder nach dem Verkauf 1971 als *Komatiland* bzw. *S. A. Komatiland* für die South African Lines SA, Kapstadt, von Europa nach Südafrika. Erst die Diana Shipping Agencies in Piräus setzten den Frachter, dessen Name mit dem Verkauf 1977 an die Coroneta Line Co. Ltd. auf *Mati* verkürzt wurde, in der Trampfahrt ein.

San Roberto

Die britische Hudson Steamship Co. Ltd. in London, gegründet 1919 und wie so viele britische Reedereien inzwischen nicht mehr im Geschäft, gehörte zu den mittleren Trampreedereien, die sowohl Trockenfrachter wie auch Tanker besaßen. 1957 lieferte die Werft von John Readhead in Sunderland den 7862 BRT/10 560 tdw-Frachter *Hudson Point,* der zwei Luken vor und drei hinter dem Brückenaufbau und die Maschine achtern hatte. 1966 kauften Eigner in Hongkong den Frachter und nannten ihn *East Breeze.* 1967 wechselte er als Eigentum zur ebenfalls in Hongkong ansässigen Pacific Shipping & Enterprises Corp. Ltd. Als panamaische *San Roberto* fuhr er die nächsten sieben Jahre, u.a. durchquerte er 1969 den Nord-Ostsee-Kanal (hier unter der alten Levensauer Hochbrücke). 1974 kaufte ihn die Fodele Maritime Co. Ltd. aus Famagusta und betrieb ihn bis zum Abbruch 1979 als *Fodele II.*

Al-Johffa

Als Urbain Ureel am 19. August 1984 die saudi-arabische *Al-Johffa* (9125 BRT) ablichtete, da hatte der Ahmed Abdul Qaui Benadoah in Damman gehörende Frachter sein Lebensende fast erreicht. Im April 1985 lief er mit eigener Kraft nach Alang, um auf dem dortigen Strand abgebrochen zu werden. Begonnen hatte er seine Fahrenszeit 1957 als panamaische *Gemstone*, bereedert von der Alvion Steamship Corporation in New York. Seine Bauwerft, die Nordseewerke in Emden, hatten 1956 schon den Vorbau *Pearlstone* ebenfalls an Alvion geliefert. Ingesamt bauten die Emder zwischen 1956 und 1959 16 Schiffe dieser 14 000 tdw-Klasse für verschiedene in- und ausländische Reeder, alle wurden in der weltweiten Trampfahrt beschäftigt.

Helga Schröder
1958 wagte sich der aus Rostock stammende und seit 1947 in Hamburg ansässige Reeder Richard Schröder mit der 13 800 Tonnen tragenden *Helga Schröder,* benannt nach seiner Ehefrau, in eine neue Größenklasse. Begonnen hatte er in der kleinen Fahrt und nach 1950 sein Fahrtgebiet mit Schiffen der 3000/5000 tdw-Klasse auf die mittlere und große Fahrt erweitert. Richard Schröder hatte sich mit seinen Neubauten immer bemüht, der Zeit voraus zu sein, um mit seinen Schiffen möglichst lange am Markt bestehen zu können. Mit der als Wechselschiff vor allem für hochwertige Ladungsarten konzipierten *Helga Schröder* war er seiner Zeit allerdings zu weit voraus. So war er froh, den 6599/9186 BRT großen, von der Seebeck-Werft in Bremerhaven gebauten Frachter 1964 an die Muhammadi Steamship Co. Ltd. in Karachi verkaufen zu können. Als *Al Hasan* blieb der Frachter bis 1983 auch dort beheimatet, und hier wurde er 1983 auch abgebrochen. *Foto: FotoFlite incorporating Skyfotos*

Tremeadow

Wm. Hamilton in Port Glasgow lieferte 1958 den mit 6504 BRT vermessenen Motorfrachter *Tremeadow* an die Londoner Trampreederei Hain Steamship Co. Ltd. Die Reederei, die ihren Namen nach einer Fusion 1964 in Hain-Nourse Ltd. änderte und ab 1971 zur P&O-Gruppe gehörte, setzte ihren Frachter in der Trampfahrt ein, vercharterte ihn aber auch an Linien, überwiegend britische. Hier übernimmt die *Tremeadow* 1969 in Warri/Nigeria einheimische Produkte: gesackte Kokusnußexpeller, Rohgummi und anschließend Schnittholz. Das Bild macht deutlich, warum fast alle Linien- und Trampschiffe bis in unsere Zeit mit eigenem Ladegeschirr ausgestattet wurden: In den sogenannten Drittländern gab und gibt es nur wenige Hafenkräne.

Eva

Nur zwei Namen und zwei Eigner hatte die liberianische *Eva* in ihrem Leben: Gebaut wurde sie 1957 als *Dorington Court* bei Short Bros. Ltd. in Sunderland für die von Haldin & Co. in London bereederte Court Line Ltd. 1963 kauften griechische Eigner den Frachter, den sie als *Eva* für die Montelindo Cia. Nav. SA in Monrovia eintragen ließen. Und sie behielten das Schiff, bis sie es nach der verhältnismäßig kurzen Fahrtzeit von nur 20 Jahren 1977 abbrechen ließen. Auf dem Bild passiert die in Ballast laufende *Eva* den Nord-Ostsee-Kanal. *Foto: Urbain Ureel*

Georgios

Ein Produkt der Burntisland Shipbuilding Co. im schottischen Burntisland ist die *Georgios* (8105 BRT), die 1958 als *Cairnforth* an Cairn Line of Steamships Ltd. in Newcastle abgeliefert und von dieser vornehmlich in Liniencharter eingesetzt wurde. Das Schiff war in den Abmessungen (vor allem in der Masthöhe) auf den Manchester Ship Canal abgestimmt, daher nahmen es die Manchester Lines auch von 1965 bis 1969 in Bareboatcharter und setzten es im Liniendienst von Manchester und Liverpool zur amerikanischen Ostküste ein. Von 1969 bis 1971 gehörte es als *Lombardy* der Royal Mail Line, einem Unternehmen der Furness Withy Gruppe. 1971 begann die Karriere als reiner Tramper, zunächst als liberianische *Premier Pacific*, ab 1975 als *Tara Sea* und von 1976 bis 1978 als *Georgios* der Sergeant Shipping Corporation in Piräus. Die letzten fünf Jahre bis zum Abbruch 1983 hieß der Frachter *Mastro Giorgis*. Urbain Ureel nahm die *Georgios* im Nord-Ostsee-Kanal auf.

Sea Power
Fast nur noch als Silhouette im Gegenlicht zu erkennen ist die 7745 BRT große *Sea Power* der griechischen Xenos Shipping Corporation in Piräus, die den 12142 tdw-Frachter von 1977 bis 1980 betrieb. Gebaut hatten ihn 1959 Austin & Pickersgill Ltd. auf ihrer Southwick Yard in Sunderland als *Baron Maclay* für die Hogarth Shipping Ltd. aus dem westschottischen Ardrossan. Die Formen sind zwar runder und gefälliger geworden, dennoch entspricht die *Baron Maclay* dem jahrzehntelang gültigen britischen Design eines Trampers: zwei Luken vor, zwei Luken hinter der Maschine und eine zwischen den Aufbauten. Das war traditionell, aber nicht praktisch, es ging viel Staufläche an Deck verloren, und die konstruktiv bedingt kleinen Luken schufen viel Unterstau, so nennt man den nicht vertikal durch die Luken erreichbaren Laderaum. Viel Unterstau war gleichbedeutend mit erheblicher manueller Stau- und Trimmarbeit beim Laden und Löschen. Das Schiff ging 1980 auf einer Reise von Hamburg nach Bombay und Karachi mit Düngemitteln nach einem Wassereinbruch bei Cabo Penas verloren.

Wimbledon

Edmund Hannay Watts, Direktor der Londoner Reederei Watts, Watts & Co. Ltd., war ein sehr innovativer Reeder, der sich auch vor ungewöhnlichen Wegen nicht scheute. Die beiden Schwestern *Weybridge* und *Wimbledon,* die er 1958 von Barcly, Curle & Co. bauen ließ, wiesen viele bis dahin unübliche Merkmale auf. Kantige Schiffsformen sollten mehr Seestabilität und nicht zuletzt mehr Komfort für die Besatzung (daran denken bis heute die wenigsten Reeder) bringen. Alle Besatzungsmitglieder bekamen mittschiffs – in der ruhigsten Zone – liegende Unterkünfte. Seine Erfahrungen sammelte E. H. Watts auf einer Reise mit der *Windsor* nach Australien bei schlechtesten Wetterbedingungen. Die Maschinenräume waren so ausgelegt, daß sie neue Technik aufnehmen könnten, was immer in den folgenden 15 Jahren entwickelt werden würde. Die Luken waren mit zur Seiten rollenden Pontons abgedeckt, und eine Art Doppelhülle diente als Ballasttanks. Trotz aller langfristigen Planung segelten die beiden Schwestern nur neun Jahre unter der Watts, Watts-Flagge und wurden 1965 nach Pakistan verkauft, wo sie zwölf weitere Jahre fuhren, bis sie abgebrochen wurden. Watts, Watts & Co. Ltd. stellten 1961 noch einen Neubau in Dienst und gaben den Betrieb 1965 auf.

Shaftesbury

Auch die von der Alexander Shipping Co. Ltd. bereederte Houlder Bros. & Co. Ltd. mit ihrem markanten weißen Malteserkreuz auf rotem Band war ein zur Furness-Withy-Gruppe gehörendes Unternehmen. Die Trampreederei Houlder Bros. & Co. Ltd. vercharterte ihre Schiffe auch an andere Linien. Die Burntisland Shipbuilding Co. lieferte von 1955 bis 1959 vier sehr ähnliche Frachtmotorschiffe, die auf *-bury* endende englische Städtenamen bekamen. Die baulichen Unterschiede waren gering, alle bekamen relativ niedrige Masten, um den Manchester Ship Canal befahren zu können. Die *Shaftesbury* (8532 BRT) kam als dritte dieser Einheiten 1958 in Fahrt. Alle vier Schiffe wechselten 1975 im Rahmen einer umfassenden Reorganisation der Gruppe innerhalb Großbritanniens und wurden wenig später nach Griechenland verkauft.

Irish Maple

1941 wurde auf staatliches Betreiben der Republik Irland die Irish Shipping Ltd. mit Sitz in Dublin gegründet. Angesichts des Krieges sah man es als unerläßlich an, eigene Hochseeschiffe zu betreiben. Die hatte es bis dahin in der Republik Irland nicht gegeben. Bis zur ihrer Einstellung Anfang der neunziger Jahre betrieb Irish Shipping Ltd. 50 Schiffe, anfangs mittlere, später große Trampschiffe und ab 1961 vorwiegend Massengutfrachter. Die *Irish Maple* (8288 BRT/10 693 tdw) und die *Irish Alder* ließ sie sich 1957 von Wm. Gray & Co. in West Hartlepool bauen. Sie wurden in der weltweiten Trampfahrt einsetzt und liefen ihren Heimathafen Dublin nie an. Sie wurden auch zusammen 1968 nach Griechenland als *Aliakmon Pioneer* und *Aliakmon Pilot* verkauft. Erstere wurde 1981 in Karachi, letztere 1978 in Bremen abgewrackt.

Tokuwa Maru und **Zinnia**

Auch japanische Reedereien hatten zwischen 1950 und 1980 zahlreiche Frachter in Fahrt, die sowohl in der Linien- als auch in der Trampfahrt eingesetzt wurden. Oben die 1958 in Kure gebaute *Tokuwa Maru,* ein 3292 BRT / 5716 tdw-Motorfrachter der Nitto Zosen KK, Tokio. Diese Reederei ging 1964 in der Japan Line Ltd. auf. Die rechts abgebildete zypriotische *Zinnia* (7144 BRT / 10 560 tdw) entstand bereits 1952 in Osaka als *Yamafuku Maru* für Yamashita Kaisen KK, hieß von 1957 bis 1971 *Yamakiku Maru* und wurde dann verkauft. Trotz der unterschiedlichen Größe haben beide Schiffe viele Ähnlichkeiten. In der Luke 3 und 4 verfügte die *Zinnia* (Foto vom 16. Juli 1976 in Hamburg / Stefan Lipsky) über ein zweites Zwischendeck.

ZINNIA

Dagfred

Diesen eleganten Motorfrachter lieferten Burmeister & Wain A/S am 15. Juli 1958 an die A/S Ocean in Oslo, als deren Korrespondentreeder J. P. Pederson & Sön fungierten. Das Wechselschiff war offen mit 7762 BRT, geschlossen mit 10 818 BRT vermessen und trug entsprechend 13 150/15 200 tdw. Das Sechsluken-Schiff lief mit einer natürlich auch von B&W gebauten 5700 PS-Maschine beachtliche 15 Knoten und fuhr vornehmlich in Zeitcharter, so von Ende 1963 bis Ende 1965 bei Rudolf A. Oetker in Hamburg. Im März 1970 übernahm die Afros Steamship Co. Ltd. aus Famagusta für 1,825 Millionen US $ den Frachter und betrieb ihn sieben Jahre lang als *Apollonian.* Von 1977 bis 1981 führte der Frachter als *Thermaikos* die liberianische und bis 1983 die griechische Flagge. Am 28. November 1983 erreichte das Schiff Kaohsiung zum Abbruch.

Capitan Angelo

Der im italienischen Torre del Greco ansässige Reeder Giovanni di Maio kaufte in den sechziger und siebziger Jahren aus deutschem und norwegischem Besitz etliche große Frachtmotorschiffe, die alle zunächst ihren Namen behielten, weil die Verkäufer diese Linienfrachter für zwei oder drei Jahre in Rückcharter behielten. Die Kopplung von Verkauf und Rückcharter war gerade in jenen Jahren eine gängige Praxis, wenn Reeder zur Erneuerung der Flotte ältere Schiffe abstießen und mit dem Verkaufserlös Neubauten anzahlen konnten. Für den Käufer bedeutete die Rückcharter eine Absicherung der Startphase. Die *Capitan Angelo,* hier im Oktober 1978 in Hamburg von Stefan Lipsky fotografiert, war 1958 von den Nordseewerken in Emden als *Woodville* für den Amerika-Dienst der norwegischen Reederei A. F. Klaveness & Co. gebaut worden und hieß noch *Angol,* bevor sie nach Italien verkauft wurde.

Mastrogeorgis

Als diese Aufnahme des Frachtmotorschiffes *Mastrogeorgis* der in Piräus ansässigen Nimer Shipping Co. am 3. Mai 1985 in der Bucht von Piräus entstand, war die aktive Fahrtzeit des Schiffes so gut wie beendet. Begonnen hatte sie 1958, als die Hanseatische Werft GmbH in Hamburg den Frachter als *Atid* zusammen mit der *Amal* an die Zim Israel Navigation Co. ablieferte. Diese Werft gehörte seit 1956 dem Reeder Johann Amandus Reinecke. Nach einigen Kümos baute sie die Frachter *Edertal, Bambi* und die beiden Israel-Frachter, die sich nur durch die Zahl der Aufbaudecks voneinander unterschieden. Für Schiffahrtsfreunde ist die Bucht von Piräus ein Paradies. Viele griechische Reeder sind „Spieler"-Naturen, die ihre Schiffe lieber auflegen – gegebenenfalls jahrelang –, um auf bessere Raten im Frachtenmarkt, höhere Verkaufspreise und ein Anziehen der Schrottpreise warten, statt sich schnell davon zu trennen und anderweitig zu investieren – natürlich in Schiffe, die gefragter sind. Mit dem Aussterben konventioneller kleiner Frachter ist die Zahl der maritimen Wartegemeinschaft in Piräus allerdings deutlich kleiner geworden. *Foto: Bent Mikkelsen*

Master Daskalos

Als dritten Neubau für die in London ansässige Phocan Shipping Agency Ltd. lieferte die jugoslawische Werft Brodogradiliste 3. Maj in Rijeka 1959 den Volldecker *Master Daskalos* ab. Der 152,24 m über alles lange, 18,80 m breite und bis zum Oberdeck 12,023 m seitenhohe Frachter trug bei 9162 BRT rund 13 080 Tonnen. Der Schiffskörper ist fast vollkommen geschweißt mit Ausnahme der Nähte in der Außenhautseite und der Spanten. Gegenüber den Forderungen der Klassifikationsgesellschaft Lloyd's Register wurde die Beplattung des Bodens um 15 % verstärkt, die des Bodens, der Bodenwrangen sowie der Mittel- und Seitenträger um 10 %. Was 1959 als modernste nautische Ausrüstung bezeichnet wurden, zeigt die folgende Aufstellung: Sie umfaßt ein Radargerät, Kreiselkompaß mit Selbststeueranlage, Hochfrequenz-Echolot, Magnetprojektions- und Steuerkompaß. Eine batterielose Fernsprech- und Gegensprechanlage verbindet die Brücke mit der Maschine, Back und Heck. Drehzahl- und Ruderanlage-Anzeiger vervollständigen die Kommando- und Überwachungseinrichtungen auf der Brücke.

Seevogel

Die fünfziger Jahre sahen ein buntes Nebeneinander von alten Dampfern, Schiffen mittleren Alters und moderner Tonnage. Der Dampfer *Seevogel* war 1924 in Helsingør als *Martin Carl* für die A/S Dampskibselskab Heimdal in Kopenhagen entstanden, die ihn 22 Jahre in der nordeuropäischen Trampfahrt beschäftigte und dann an die Dampskibselskab Dania A/S in Kopenhagen veräußerte, die ihn *Danklint* nannte. 1950 erwarb die Hamburger Reederei A. Kirsten den 1404 BRT großen Dampfer, der mit einer 880 PSi leistenden Dreifach-Expansionsmaschine 8,5 Knoten machte, um ihn als ihre inzwischen dritte *Virgilia* im Rahmen der Hamburg-London-Linie einzusetzen: Schiffsraum war damals knapp, und für diese Linie genügte einfache Tonnage. 1956 hatte die Reederei Neubauten in Dienst gestellt, und im Januar des Jahres übernahm die Hamburger Georg Freymann Reederei das 75,66 m lange Schiff, um es als *Seevogel* in der Trampfahrt einzusetzen. Am 7. Dezember 1959 ereilte den Dampfer sein Schicksal. Auf der Reise von Karlsvik nach Amsterdam mit Holz strandete er schwer vereist in dichtem Nebel bei Branø an der Nordspitze der schwedischen Insel Gotland. Am 8. Dezember 1959 gab die Besatzung ihr Schiff auf, eine Bergung schien aussichtslos. Drei Tage später zerbrach das Schiff in zwei Teile. *Foto: Urbain Ureel*

Activity
Zwar sieht der 9964 BRT / 14580 tdw-Motorfrachter *Activity* der liberianischen Felicity Shipping Co. aus wie ein Linienfrachter, er war aber keiner. Die griechische Pangalante Cia. Naviera SA in Piräus ließ sich das Schiff 1960 von A. Vujk & Zonen in Capella an der Ijssel als *North Viscountess* bauen, um mit ihm weltweit zu trampen. Der Fünf-Luken-Frachter verfügte über ausreichend Ladegeschirr und automatisch abzudeckende Luken. Von 1975 bis 1982, dem Jahr seines Abbruchs in Pakistan, wechselte das Schiff viermal den Eigner, aber nur zweimal den Namen. Von 1975 bis 1980 hieß es *Activity*, ab 1980 *Energetic*. Das Bild entstand 1976 in Valletta, als das Schiff im Trockendock der dortigen Werft lag. *Foto: Urbain Ureel*

Korabi

Auch in Valletta, aber zwanzig Jahre später, entstand das Foto der albanischen *Korabi*, die hier nach dem Ausdocken mit frischem Farbkleid an der Pier der Malta Drydocks liegt und auf Restarbeiten wartet. Der 922 BRT / 1500 tdw-Frachter war 1960 von Oficion Maccino Navale „Giovanni Toffolo" in Venedig als *Regina Toffolo* für die familieneigene Reederei gebaut und 1966 innerhalb Italiens als *Robertoemme* verkauft worden. 1970 kaufte der albanische Staat den Frachter, seit einigen Jahren hat Lloyd's Register aber Probleme mit der Zuordnung. Die frühere Staatsreederei gibt es nicht mehr, aber das Schiff ist als *Korabi* immer noch in Durazzo beheimatet.

Brigitte

Für nur 1000 DM erhielt die niederländische Scheepvaart Maatschappij „Fokko" BV am 30. August 1978 auf einer in Hamburg anberaumten Zwangsversteigerung den Zuschlag. Allerdings erhielt damit kein Reeder das 1135 BRT / 1505 tdw-Motorschiff *Brigitte* zum Spottpreis, sondern eine Tochtergesellschaft der Niederländischen Hypothekenbank, die den Frachter der dem griechischen Reeder Romanow gehörenden Ore Shipping Co. Ltd., Limassol, wegen ausstehender Zahlungen in Hamburg hatte an die Kette legen lassen. Gebaut worden war der Frachter 1960 auf der Scheepswerf „De Hoop" NV in Lobith am Rhein als *Hagno* für die von Hudig & Veder kontrollierte NV Vriesvaart. Nach 14 Jahren europäischer Trampfahrt verkauften Hudig & Veder den Frachter als *Freia* nach Famagusta. 1976 erwarb Romanow das Schiff. Die Banktochter fand 1980 in der Queenstown Shipping SA in Panama einen neuen Eigner, der den Frachter nach umfassender Instandsetzung als *Oran* in Mittelamerika beschäftigte. Am 30. Oktober 1980 erlitt der Frachter auf der Reise von Cristobal nach Margarita Island/Venezuela mit Stückgut nach dem Auslaufen einen Brand im Achterschiff. Das Schiff wurde in die Hafeneinfahrt zurückgeschleppt, wo drei Schlepper das Feuer bekämpften. Die Versicherung erklärte das dort am Anker liegende Schiff zum Totalverlust. Am 3. Januar 1981 trieb ein schwerer Sturm die *Oran* mit dem Achterschiff auf den Wellenbrecher der Hafeneinfahrt. Zuvor hatte sie allerdings das am Anker liegende Motorschiff *Vencemos* gestreift und ebenfalls zum Totalverlust degradiert. *Foto in Hamburg: Stefan Lipsky*

Panaghia Odighitria

1961 passierte die griechische *Panaghia Odighitria* mit einer Ladung Schnittholz den Nord-Ostsee-Kanal und erregte wegen ihres eigenwilligen Aussehens schon damals Aufmerksamkeit. Die ein junges Baujahr vortäuschenden modernen Aufbauten standen im starken Kontrast zu dem Dampferbug und -heck. Der bunte Lebenslauf entsprach dem Aussehen. Gebaut hatte sie 1918 Smith's Dock Co. Ltd., Middlesbrough, als sogenannte U-Boot-Falle *Killygordon* für die britische Admiralität. Die Schiffe sollten mit einem schnabelförmigen Bug und im Profil je gleich aussehenden Vor- und Achterschiffen U-Boote anlocken und diese mit der eigenen Artillerie versenken. Nur wenige waren (wegen der späten Einsatzzeit) erfolgreich, fast alle wurden zu Handelszwecken verkauft, neun dieser Dampfer kaufte die Danziger Reederei J. Ick. Dieses Schiff begann nach dem Ersten Weltkrieg in Newcastle als *Homeford* eine zivile Karriere, die über verschiedene Stationen 1961 in den Besitz der griechischen Eigner J. Meleas, J. Constantinos & Co. führte. Den bisherigen Namen *Laeveld, Eleoussa* und *Panaghia Tinou* wurde mit *Panaghia Odighitria* ein weiterer hinzugefügt. Verschiedene Umbauten und Verlängerungen hatten das ursprüngliche Aussehen völlig verändert. Am 8. Oktober 1964 lief der 494 BRT große Frachter außerhalb Rijekas auf steinigen Grund und brach in zwei Teile. Die Besatzung kam nicht zu Schaden.

Veesky

Hoch aus dem Wasser ragt der in Ballast ostwärts den Nord-Ostsee-Kanal befahrende 8587 BRT / 12 579 tdw-Motorfrachter *Veesky* der Hartford Navigation Co. Ltd. aus Limassol, die den Frachter 1978 von der Bank Line der Londoner Reederei Andrew Weir erwarb. Diese hatte ihn im Mai 1962 von der Pallion-Werft der Schiffswerft Wm. Doxford Ltd. in Sunderland als *Forresbank* übernommen und ihn teils in der Trampfahrt, teils in ihren verschiedenen Liniendiensten beschäftigt. Doxford hatte 1961–1964 zehn dieser Schiffe an die Reederei Andrew Weir geliefert, Harland & Wolff in Belfast drei und die Wallsend-Schiffswerft von Swan, Hunter zwei, die in jener Zeit eine sehr expansive Phase durchlief. Die *Veesky* hieß ab 1981 *Admiral,* und nach nur 21 Jahren erfolgte 1983 im indischen Alang der Abbruch. *Foto: Urbain Ureel*

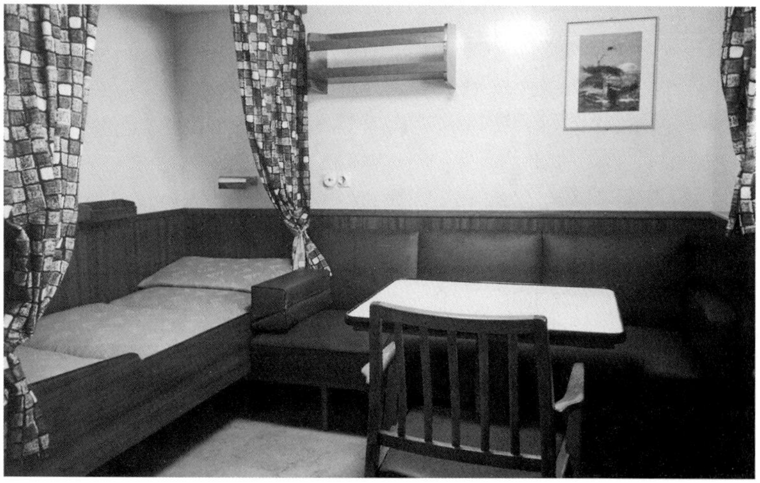

Erna Oldendorff

Der Lübecker Reeder Egon Oldendorff, der im Alter von 21 Jahren schon selbständig war, ließ 1962/63 vier Singledecker von je 4380 tdw auf der Rendsburger Werft Nobiskrug GmbH bauen, die als moderner Ersatz für einige ältere Frachtdampfer in Fahrt kamen und z. T. sogar Radar, Echolot und andere nautische Ausrüstungsgegenstände bekamen, die er für alte Dampfer angeschafft hatte und die noch neuwertig bzw. gut erhalten waren. Als dritte Einheit kam am 29. Oktober 1962 die mit 2983 BRT vermessene *Erna Oldendorff* in Fahrt, die wie ihre drei Schwestern weltweit trampte. Auf dem Bild ist sie in New York mit der Verazzano-Brücke im Hintergrund zu sehen. Alle Oldendorff-Neubauten erhielten Kammern für die Mitnahme von Passagieren, das Nobiskrug-Quartett je zwei Kammern mit je zwei Kojen. Egon Oldendorff war 1972 der erste deutsche Reeder, der seine Schiffe nach dem Zweiten Weltkrieg ausflaggte. 1972 fuhr *Erna Oldendorff* kurzfristig unter Singapur-Flagge, bis 1980 dann unter Liberia-Flagge. 1983 wurde sie in den Libanon verkauft, 1999 ist sie – 37 Jahre nach Indienststellung – noch in Fahrt.

Andros

Ein bißchen scheckig sieht sie schon, die *Andros,* die hier in Valletta am Anker liegend von Urbain Ureel abgelichtet wurde. Das muß kein Indiz für nachlässige Pflege sein, denn die *Andros* zeigt viele Stellen, an denen Rostschutzfarbe unterschiedlicher Tönung aufgebracht wurde. Und für gutes Aussehen gibt es in der Trampfahrt kein Geld, formulierte mal ein (deutscher) Reeder, das Schiff muß funktionstüchtig und in gesundem Zustand sein. Dieser 1558 BRT / 2850 tdw-Frachter verließ im Dezember 1964 seine Bauwerft Astilleros de T. Ruiz de Velasco SA in Bilbao als *Maria Dolores Tartierre* der Reederei Cia. de Nav. Vasco-Asturiana SA im spanischen Aviles. Von 1972 bis 1979 gehörte der Frachter als *Zebras Fortune* der Elpirea Marine Co. Ltd. in Limassol und wurde von der Zebra Maritime Corporation SA in Piräus bereedert. 1979 kaufte der griechische Reeder Fotis C. Georgopoulos das Schiff, dem er nun den Namen seiner Heimatinsel *Andros* gab. Ab 1982 wechselte das Schiff mehrfach den Eigner und den Namen, darunter 1991 in *Tutti Fruti.* Seit 1992 gehört der Frachter türkischen Eignern als *Kaptan Dursun Akbas.*

David Salman

Die Swedish Gulf Line AB, Göteborg, setzte ihren 1962 von der Uddevallavarvet AB gebauten 7051 BRT/7810 tdw-Motorfrachter *David Salman* vornehmlich in der Linienfahrt von Nordeuropa zum US-Golf, aber auch immer wieder zu Trampreisen ein, wenn dies erforderlich war. 1975 kaufte die Borga Sjötransport Oy im finnischen Borga den Frachter, nannte ihn zunächst *Grim*, gab ihm aber wenige Monate später seinen Taufnamen zurück. 1984 verkauften die Finnen das Schiff zum Abbruch nach China und lieferten es am 30. Oktober 1984 in Xingang ab. Die China Ocean Shipping Co. fand den 22 Jahre alten Frachter wohl zu schade für den Abbruch. Sie übernahm das Schiff als *Ji Yun No. 1* und beschäftigt ihn seither im chinesischen Küstenverkehr, 1999 immer noch!

Passat

Als Ende der sechziger Jahre die letzten der amerikanischen *Liberty-Dampfer* das Ende ihrer Lebensdauer erreicht hatten, boten deutsche, britische und japanische Werften Ersatz-Standardfrachter an, von denen im folgenden Jahrzehnt mehrere Hundert in Fahrt kamen. Die Flensburger Schiffsbau-Gesellschaft bot zusammen mit dem Bremer Vulkan und der Rickmers-Werft in Bremerhaven den „Deutschen Mehrzweckfrachter" an. Von diesem Typ lieferte die FSG am 12. Dezember 1968 als zweites Schiff überhaupt das 6342/9296 BRT – 11 300/14 953 tdw-Motorschiff *Passat* an die Hugo Stinnes-Zweigniederlassung in Hamburg ab. Die Staatsreederei der Volksrepublik China kaufte den Frachter 1988, wie viele andere deutsche Standardfrachter auch. Er fuhr zunächst als *Ping An Cheng* und seit 1995 als *Jin Da*. Dieses Foto der *Passat* entstand 1975 in Helsingborg. *Foto: Urbain Ureel*

Vilma

Zum erfolgreichsten aller angebotenen „Ersatzfrachter"-Typen entwickelte sich der britische SD 14 (die Bezeichnung steht für Shelter/Schutzdecker mit 14 000 tdw), der in rund 200 Exemplaren gebaut wurde, darunter 70 von Lizenznehmern. Dieser Frachtschiffstyp mit einem durchlaufenden Zwischendeck (wie auch bei den deutschen Typen) entsprach in seiner anfangs sehr einfachen Bauweise am ehesten den Preisvorstellungen der Trampreeder. Dieser Schiffstyp war für den kostengünstigen Transport massenhafter Güter konzipiert. Die 8203 BRZ große *Vilma* kam 1983 als 184. SD 14 in Fahrt, gebaut wurde das Schiff in Lizenz der britischen Schiffbauer Austin & Pickersgill von der brasilianischen Companhia Comercio E. Navegacao, Maua Schiffswerft in Niteroi als *Anision Borges* für einheimische Rechnung. Seit 1996 fährt das Schiff für Londoner Griechen, wie man in London domizilierende Eigner mit griechischem Hintergrund nennt, nämlich für die von der Cathchart Shipping Ltd. kontrollierte Tilton Oceanic Corporation. Auf dem Bild ist das Schiff auf der Ausreise nach Westafrika. Die Tragfähigkeit ist bestenfalls zur Hälfte genutzt, dafür aber jeder Quadratmeter Stellfläche.
Foto: FotoFlite incorporating Skyfotos

Platon

Erfolgreich war auch der japanische „Freedom"-Typ, ebenfalls ein Frachtschiff der 15 000-Tonnen-Klasse (14 800 tdw) mit einem durchlaufenden Zwischendeck, vier Räumen und sechs Luken. Er wurde in 110 Einheiten gebaut, und zu seinen Auftraggebern zählten viele griechische Reeder, die die einfacheren Konstruktionen aus Japan oder England mehr schätzten als die (aufwendiger ausgerüsteten) „sophisticated ships" aus Germany. Zu den Konstruktionsmerkmale der „Freedoms" zählen Top wing tanks und als Schotten einsetzbare Zwischendeckslukendeckel, die sich besonders in der Getreidefahrt positiv auswirken. Die 1995 von Björn Detlefsen in Daressalam aufgenommene *Platon* wurde 1978 von Ishakajima Harima Heavy Industries in Aioi als *Marabou* gebaut, hieß von 1986 bis 1986 *Pluto* und seit 1991 *Platon*. Der 9188 BRZ-Frachter erreicht mit einen 3773 kW / 5130-PS-Motor 13,5 Knoten Geschwindigkeit, für einen simplen Tramper ist das ausreichend.

Erlenhain

Manche Schiffsschicksale sind auch in jüngerer Zeit tragisch. Ein solches erlitt der kleine Trampfrachter *Erlenhain* des Mönchengladbacher Reeders und Kapitäns Friedrich Heidemann, den er 1977 aus den Niederlanden angekauft hatte (ex *Bab-T)*. Der mit 1199 BRT vermessene Frachter hatte mit 1885 tdw zwar nur etwas mehr Tragfähigkeit als ein damaliges Kümo, er war aber für die mittlere Fahrt ausgelegt. Besonders im Mittelmeer und an der westlichen Küste Nordafrikas gab es noch viele Ladungen, für die der Zwischendecker mit drei Luken und eigenem Geschirr gut geeignet war. Im Januar 1986 befand sich das 1968 von der Scheepswerf „Hoogezand" J. Bodewes gebaute 73,21 m-Schiff mit sieben Mann Besatzung und 1700 Tonnen Düngemitteln in Säcken auf der Reise von Gabes in Tunesien nach New Holland am Humber/Ostküste England. In einem Orkan sank der Frachter am 19. Januar in der Biskaya. Ein leeres Rettungsboot wurde am 25. Januar 1986 in Position 46.55 N/04.54 W gefunden, Schiff und Besatzung blieben verschollen. Fünf Jahre zuvor hatte Friedrich Heidemann auch sein 999-BRT-Motorfrachtschiff *Birkenhain* verloren. Der Frachter sank allerdings bei bestem Wetter durch einen plötzlichen Wassereinbruch im Maschinenraum auf der Reise von Algier nach Lissabon. Die Besatzung wurde vom dänischen Motorschiff *Junior Lotte* vollzählig gerettet. *Foto: FotoFlite incorporating Skyfotos*

Eva

Viele Hände hatte der 1572 BRT / 2100 tdw-Motorfrachter schon durchlaufen, als er am 30. Oktober 1991 auslaufend Cuxhaven abgelichtet wurde. Die Frederikshavn Værft hatte den Shelterdecker 1971 in einer Reihe von Schwesterschiffen als *Merc America* an die Mercandia Redernier des Kopenhagener Per Henriksen abgeliefert. Mit einem ebenfalls in Frederikshavn gebauten 919 kW (1250 PS)-Viertakt-Zehnzylinder-Motor des Fabrikats Alpha läuft das Schiff runde 12 Knoten. Das anfängliche Ladegeschirr des Ein-Luken-Schiffes wurde inzwischen ebenso abgetakelt wie die Zwischendecks-Lukendeckel. Seit Ende der achtziger Jahre fuhr die *Eva* ex *Mina -93*, ex *Eva -91*, ex *Eikvaag -91*, ex *Golden Bay -91*, ex *Scan Voyager -86*, ex *Islands Star -84*, ex *Alafoss -80*, ex *Merc America -74* vorwiegend in der nordeuropäischen Massengutfahrt, und da sind die Lukendeckel im Zwischendeck eher hinderlich. Am 27. Februar 1998 sank der Frachter 16 Seemeilen nördlich Lista an der norwegischen Küste mit einer für Hoyanger bestimmten Aluminiumladung. Sieben Besatzungsmitglieder kamen um.

Damask Rose

Für die europäische Massengutfahrt ließ sich die britische Gem Line Ltd. in Glasgow, betrieben von William Robertson Shipowners Ltd., 1969 von der NV Nieuwe Noord Nederlandsche Scheepswerven in Groningen den 1928 BRT-Singledecker *Gem* bauen, der knapp 3000 Tonnen trägt und mit zwei Luken und vier 5-Tonnen-Bäumen ausgerüstet ist. Zusammen mit den Schwestern *Brilliant, Jade* und *Pearl* waren es die letzten Gem Line-Neubauten. Diese schottische Traditionsreederei ging 1970 in den Besitz der Powell Duffryn Gruppe über und wurde 1978 in die diesem Unternehmen ebenfalls gehörende Stephenson Clarke Shipping Co. in London integriert. Am Namen und dem Einsatzgebiet änderte sich nichts, die Schiffe bekamen jetzt alle den schwarzen SCS-Schornstein mit einem breiten silbernen Streifen. Nach zwanzigjähriger Einsatzzeit verkaufte SCS den Motorfrachter 1990 an die Haykal Sea Transport Co. des libanesischen Reeders Hakal in Tripoli. Er bekam den neuen Namen *Damask Rose,* unter dem er noch viele Reisen in sein ehemaliges Haupteinsatzgebiet durchführte. Inwischen ist er als *Anis Rose* abgebrochen worden. *Foto: Eilhart Buttkus*

Nordholm

Nachdem die Reedereien der Hamburger Trampko-Zusammenarbeit schon erfolgreich die Lübecker „Trampko"-Frachter und aus den Niederlanden die sogenannten „Zip"-Bulker (Eindecker mit großen Luken) übernommen hatten, bestellten sie 1974 bei der japanischen Watanabe Zosen eine Serie von zehn 8180 tdw-Singledeckern mit starkem und automatischem Geschirr, von denen die Reederei „NORD" Klaus E. Oldendorff vier übernahm. Gebaut waren die wirtschaftlich sehr erfolgreichen Schiffe für den Einsatz unter deutscher Flagge, führten anfänglich die Flagge von Singapur, später die zypriotische und besaßen eine nahezu vollständig japanische Ausstattung. Alle Reeder brachten diese Schiffe in einen Befrachtungspool ein, der bis vor kurzem von Fisser & van Doornum geführt wurde. Die 4614 BRT/5306 BRZ große *Nordholm* wurde am 23. Juli 1976 geliefert und befindet sich wie das Schwesterschiff *Nordheim* noch heute für die seit 1986 in Limassol ansässige Reederei „NORD" in Fahrt. *Foto: Urbain Ureel*

Tuira

Für die Abwicklung großer Papier- und Zellstoff-Kontrakte ließen sich die O/Y Finnlines 1972 von der Oy Wärtsilä AB in Turku 1972 den Frachter *Tuira* bauen, der als Wechselschiff mit 3095/5689 BRT und 5511/7214 tdw konzipiert war. Da er rund ums Jahr finnische Häfen bedienen mußte, erhielt er die höchste finnische Eisklasse I A Super. Schwesterschiffe waren die *Koiteli* und *Clio*. Die 118,25 m lange und 18,04 m breite *Koiteli* war in der linienähnlichen Kontraktfahrt für den finnischen Enso-Gutzeit-Konzern beschäftigt, dem auch die Reederei gehört. Das Schiff fuhr sowohl in der kurzen Fahrt von Finnland zum Kontinent und nach England als auch ins Mittelmeer. Im Rahmen der Ausflaggung nach Georgetown auf den Cayman Inseln erhielt der Frachter im März 1989 den typischen Finnlines-Namen *Finnoak*. 1993 wurde er an eine von Bogazzi Servizi Navali SrL in Avenza/Italien kontrollierte Bahamas-Gesellschaft verkauft und in *Baltic Stone* umbenannt. Diese Reederei fährt mit vorwiegend in Skandinavien angekaufter Tonnage große Holzkontrakte von Skandinavien ins Mittelmeer ab. Ihr gehörte auch die im Oktober 1998 vor Amrum havarierte *Pallas*.

Fortune Bell
Sogenannte Loggertypen sind stark gebaute Eindecker mit besonderen Vertrebungen und Decksstützen, die auch Logs fahren können. Logs sind schwere Edelholzstämme, die in der Regel mit eigenem Geschirr geladen werden müssen und dabei das Schiff – Außenhaut, Deck und Lukenbereich – besonders beanspruchen, weil selten ein Baum an Bord kommt, ohne vorher nicht wenigstens einmal „Kontakt" mit dem Schiff gehabt zu haben. Diese Logger eignen sich natürlich auch für alle anderen massenhaften Güter, für Erze, Schwefelkies, Phosphat, Schnittholz, Stahl und Eisen in jeglicher Form, Rohre usw. Sie sind daher ideale Trampschiffe. Es gibt sie in den Größen zwischen 4000 und 15 000 tdw, und viele wurden zwischen 1965 und 1985 gebaut. Die *Fortune Bell* (5840 BRT / 8303 tdw) der panamaischen Granadamar SA, kontrolliert von der Sogemar SAM in Marseille, ist eine von ihnen. Wie die meisten Logger wurde sie in Japan gebaut, nämlich 1976 von der Mie Shipyard Co. Ltd. in Yokkaichi als *Wakafuji,* danach hieß sie noch *Bell Clipper* und *Fortune Ace.* Seit 1997 heißt der Frachter *Fortunate,* wird aber immer noch von Sogemar kontrolliert. Eilhart Buttkus fotografierte die *Fortune Bell* am 13. Mai 1995 auf der Schelde.

Eleni

Am 6. Mai 1995 verließ der rumänische Motorfrachter *Eleni* die Wesermündung in Ballast, um nach Antwerpen zu fahren, wo eine Partie gesackter Düngemittel für Mittelamerika wartete. Für große Sack-, Faß- und ähnliche Ladungen eignet sich der 1980 von Santierul Naval SA im rumänische Galatz gebaute 10 721 BRZ/15 000 tdw-Frachter mit einem durchlaufenden Zwischendeck hervorragend. Die Luke 1 und die Doppelluken 2, 3 und 4 werden von zwei 22- und zwei 12-Tonnen-Bäumen bedient, die automatisch arbeiten und von nur einem Mann bedient werden. Der Frachter gehört der staatlichen Compania de Navegatie Romline SA mit Heimathafen und Betriebssitz Constanza, hieß bis 1992 *Marasti* und von 1992 bis 1994 *Delta I*. *Foto: Eilhart Buttkus*

Project Americas

Schwergutfrachter oder Heavy-Lift-Carrier, wie sie im englischen Sprachgebrauch genannt werden, sind klassische Trampschiffe, denn ihre Kurse stecken sie dorthin ab, wo besonders schwere und sperrige Güter abzuholen oder hinzubringen sind. Das sind nicht selten kleine, wenig ausgebaute Hafen- oder Anlegeplätze, die im Welthandel keine Rolle spielen, aber dem Herstellungs- oder Bestimmungsort von Schwergut am nächsten liegen. Die Martin Jansen-Werft im ostfriesischen Leer und die Schichau-Unterweser Werft AG in Bremerhaven bauten 1981/82 je zwei Schwergutfrachter für Tochtergesellschaften in Willemstad auf den Niederländischen Antillen der damals dänischen Blæsbjerg-Gruppe. Die *Project Americas* kann bei 9768 BRT rund 12 800 Tonnen laden. Charakteristisch für alle vier Neubauten sind die beiden leicht nach innen geneigten Schwerbaumpfosten, an denen jeweils ein 250 Tonnen tragender Baum getakelt ist. Mit einer Traverse können sogar 500 Tonnen bewegt werden. Die Aufbauten sind ganz vorn und die Schornsteine seitlich angeordnet, um eine große Decksfläche zu schaffen. Selbstrollende Ladung kann auch über eine 15,35 m lange und 17,1 m breite Roll on/Roll off-Rampe am Heck an Bord kommen. Das vierte Schiff dieses Typs bekam sogar zwei 300-Tonnen-Bäume. Auf dem Foto übernahm die *Project Americas* in Wilhelmshaven zwei große Getreideheber.

Starman Asia
Nicht nur schwere, auch sperrige und großvolumige Güter befördern Schwergutfrachter. Hier ist es die *Starman Asia,* die 1977 von C. Lühring in Kirchhammelwarden als *Gloria Virentium* für niederländische Rechnung gebaut wurde und von 1984 bis 1993 von der Sloman Neptun Schiffahrts AG bereedert wurde. Der Namensvorspann *Starman* wurde gewählt, weil die Schwergutflotte von Sloman Neptun zusammen mit der britischen Blue Star Line betrieben wurde. Die *Starman Asia*, die hier acht sehr voluminöse, aber mit 20 Tonnen Stückgewicht eher leichte Behälter transportiert, verfügt sogar über 2 x 400-Tonnen-Bäume. Damit das Schiff bei solchen Ladungen nicht nach Gehör gefahren werden muß, befindet sich im vorderen Mast ein zusätzlicher Steuerstand. *Foto: FotoFlite incorporating Skyfotos*

Pihtla
Nach der politischen Wende 1990 haben die Flotten des ehemaligen Ostblocks an Bedeutung verloren. Die davor staatlich gesteuerte Wirtschaft verlor an Volumen, die Flotten schrumpften, da sie nicht mehr erneuert wurden. Der 6876 BRZ / 7400 tdw-Motorfrachter *Pihtla* gehört seit 1992 zur Estonian Shipping Co. mit Heimathafen Tallinn. Gebaut wurde das Schiff 1975 auf der Stocznia Szczecinska in Stettin. Es gehörte zu einer 35 Einheiten umfassenden Serie, die ab 1972 für die UdSSR gebaut wurden und die anfangs vor allem im Linienverkehr zum Einsatz kam. Zu ihrem Ladegeschirr gehört ein 60-Tonnen-Baum, die Schiffe haben Staumöglichkeiten für 120 Zwanzig-Fuß-Container. Das Bild zeigt die frisch gestrichene *Pihtla* nach einem Werftaufenthalt im Nord-Ostsee-Kanal bei Steinwehr.

Khendrik Kujvas

1974/75 baute die Schiffswerft im rumänischen Turnu Severin 24 Schiffe dieses 2180 tdw-Typs, die an Deck und in den Lukenschächten 58 Zwanzig-Fuß-Container stauen. Sie dienten allen Zwecken, von der Linienfahrt bis zu allen Facetten der Trampfahrt. Daß die BRT-Zahl von 2079 in einem sehr ungewöhnlichen Verhältnis zur Tragfähigkeit stand, störte im sowjetischen Schiffahrtsministerium niemanden. Beim Bau der Schiffe spielten immer auch militärische Gesichtspunkte – nämlich Einsatz der Schiffe als Transporter im Krisen- oder Ernstfall – eine Rolle. Die Größe der Besatzung war ebenfalls nicht von entscheidender Bedeutung, es gab genügend Seeleute in der UdSSR, die vergleichsweise nur wenige Rubel Heuer kosteten. Die *Khendrik Kujvas* wurde 1992 von der staatlichen lettischen Schiffahrtsgesellschaft übernommen und heißt seither *Sventoij.*

Vasiliy Shukshin

Der 2264 BRZ/2792 tdw-Motorfrachter *Vasiliy Shukshin* gehört zu den nicht sehr zahlreichen Schiffen, die nach 1990 neu im heutigen Rußland gebaut wurden, nämlich in Volgograd. Das 89,50 m lange und 13,42 m breite Schiff kann wie unzählige andere russische Schiffe auch das innerrussische Fluß- und Kanalnetz befahren und ist im wahrsten Sinne ein seegängiges Binnenschiff. Es gehört der Five Belt Shipping Co. in St. Petersburg, einer von der North Western Shipping Co. kontrollierten Einschiffsgesellschaft, und wird in Hamburg von Russochart Shipping GmbH befrachtet. Holz- und Stahlladungen sind das tägliche Geschäft des Frachters.

Pearl Merchant

Die DDR-Werften bauten ab den siebziger Jahren zunehmend auch für westliche Auftraggeber, mit günstigen Preisen veranlaßten sie Reeder aus Griechenland, den Niederlanden, Großbritannien, der Bundesrepublik und Norwegen, Serienbauten dort zu bestellen und in begehrten Devisen zu bezahlen. Der VEB Warnowwerft baute 1983 den 13 038 BRZ / 17 330 tdw / 642 TEU-Mehrzweckfrachter des Werfttyps „Monsun" *Family Irini* für die griechische Family Shipping Co., die eigentlich vier weitere Schiffe dieses Typs haben wollte, deren Bauverträge aber im gegenseitigen Einvernehmen wegen erheblicher Terminüberschreitung aufgehoben wurden. Mit der *Wormann Wadai, Canopus* und der *Montan* gingen drei Schiffe des insgesamt fünfzehnmal mit Modifikationen gebauten Typs auch an bundesdeutsche Reeder. Der Typ „Monsun" war besonders bei Linienreedereien gefragt, die neben Containern auch konventionelle Ladung zu befördern hatten. Als das Schiff 1996 als zypriotische *Pearl Merchant* Cuxhaven passierte, war das schon der achte Name: ex *New Hailong -95*, ex *Ciudad de Buenaventura -93*, ex *Webber's Post -88*, ex *Nedlloyd Cristobal -86*, ex *Giahara -86*, ex *Woermann Wangoni -85*, ex *Family Irini -84*.

Neptun

Auch der Serientyp „Neptun 421" des Rostocker VEB Schiffswerft „Neptun" erfreute sich bei Reedern in Ost und West großer Beliebtheit. Bei günstigem Preis-/Leistungsverhältnis bot er flexible Einsatzmöglichkeiten. Der aus der Küstenschiffahrt stammende Kapitän und Reeder Hans Voß, der später bei einem Bordbesuch tragisch ums Leben kam, übernahm am 28. Dezember 1981 mit der *Neptun* das größte Schiff seiner Flotte, die damals aus sechs Schiffen mit 28 800 tdw bestand. Das nach den Vorschriften von Det Norske Veritas gebaute 9292 BRT-Doppellukenschiff trägt 12 665 Tonnen und verfügt über Stellplätze für 446 Container des Zwanzig-Fuß-Typs. Das Ladegeschirr umfaßt fünf 40-Tonnen-Bäume, damit galt das Semi-Containerschiff als „self-sustained", von Landkränen unabhängig. Angetrieben wird das Schiff von einem in der DDR in Lizenz gebauten 6620 kW-Motor für 17,75 Knoten. Bei dieser Geschwindigkeit verbraucht der Frachter 31 Tonnen eines halbdestillierten Schweröls. Von 1987 bis 1994 fuhr das Schiff unter verschiedenen Namen für die Hamburger Reederei Hans Krüger und wurde dann als *Shun An* an eine in Hongkong kontrollierte Liberia-Gesellschaft veräußert.

Targa

Auch ein ganz gewöhnlicher Massengutfrachter kann beeindruckend aussehen, wenn man ihn mit einem 280-mm-Teleobjektiv fotografiert. Das war am 12. März 1998, als der 1977 von Mitsubishi Heavy Industries Ltd. in Hiroshima gebaute 18 577 tdw-Frachter mit einer Teilladung Stahl den Nord-Ostsee-Kanal in Richtung Westen passierte. Von seinen sechs Kränen heben je zwei 40, 25 und 16 Tonnen. Das Schiff hatte schon viele Namen: ex *Sea Laurel -96*, ex *Targa -95*, ex *MSC Targa -95*, ex *Targa -94*, ex *Crowna -90*, ex *Delaware Glory -89*, ex *Sea Express -85* und den Taufnamen *Thana Varee*, den das Schiff bis 1980 führte. Die Namen *Sea Laurel* und *MSC Targa* verraten, daß der Frachter mit Platz für 545 TEU auch in der Containerfahrt zum Einsatz gekommen war. Für einen reinen Massengutfrachter ist der 13 610 BRZ-Frachter mit 16 Knoten auch recht schnell.

Grietje

Wenn die großen Maschinenanlagen nicht an Deck stünden, würde man den 5780 BRZ / 7910 tdw / 461 TEU-Frachter *Grietje* der Hans & Claus Heinrich KG aus Steinkirchen im Alten Land bei Hamburg für einen ganz normalen Containerfrachter halten. Im Prinzip ist das der Typ „132" auch, zu dem die *Grietje* gehört und den die Schiffswerft J. J. Sietas in Neuenfelde vor den (südlichen) Toren Hamburgs zwischen 1987 und 1996 zwölfmal gebaut hat, davon elfmal für die Gebrüder Heinrich. Das Besondere an diesem Schiff sind die beiden 110-Tonnen-Kräne, die gekoppelt 220 Tonnen heben können und die *Grietje* zu „einem schweren Mädchen" machen. Die Familie Heinrich hat sich mit ihrem Schiffahrtskontor Altes Land GmbH zu einem der anerkannten Spezialisten in der Schwergutfahrt entwickelt. *Foto: FotoFlite incorporating Skyfotos*

Namensregister (abgebildete Schiffe sind halbfett gedruckt)

Quellen

Hans Jürgen Abert, Gert Uwe Detlefsen und Ernst Dünnbier: *Neptun Bremen, die Chronik der Götterflotte,* Verlag Gert Uwe Detlefsen, Bad Segeberg 1993

Dag Bakka jr.: *Höegh, Shipping through Cykles,* Leif Höegh & Co. AS, 1997

Bruno und Klaus Bock: *Die roten Handelsflotten, die Handelsschiffe der COMECON-Länder,* Koehlers Verlagsgesellschaft mbH, Herford 1977

Paul Boot: *A River in Retrospect,* Priam Publications, Barnston 1996

D. Ridley Chesterton and Roy S. Fenton: *Gas and Electricy Colliers,* World Ship Society, Kendal 1984

Gert Uwe Detlefsen: *Deutsche Reedereien Band 1,* Verlag Gert Uwe Detlefsen, Bad Segeberg 1994

Gert Uwe Detlefsen: *Deutsche Reedereien Band 2,* Verlag Gert Uwe Detlefsen, Bad Segeberg 1995

Gert Uwe Detlefsen: *Deutsche Reedereien Band 3,* Verlag Gert Uwe Detlefsen, Bad Segeberg 1995

Gert Uwe Detlefsen: *Deutsche Reedereien Band 4,* Verlag Gert Uwe Detlefsen, Bad Segeberg 1996

Gert Uwe Detlefsen: *Deutsche Reedereien Band 5,* Verlag Gert Uwe Detlefsen, Bad Segeberg 1996

Gert Uwe Detlefsen: *Deutsche Reedereien Band 7,* Verlag Gert Uwe Detlefsen, Bad Segeberg 1997

Gert Uwe Detlefsen: *Deutsche Reedereien Band 8,* Verlag Gert Uwe Detlefsen, Bad Segeberg 1998

Gert Uwe Detlefsen: *75 years – the ships of Egon Oldendorff,* Verlag Gert Uwe Detlefsen, Bad Segeberg 1996

Gert Uwe Detlefsen: *Die Stinnes-Reedereien,* Verlag Gert Uwe Detlefsen, Bad Segeberg 1998

Gert Uwe Detlefsen: *Die Geschichte und die Schicksale deutscher Serienfrachter, Band 1,* Verlag Gert Uwe Detlefsen, Bad Segeberg 1998

K. S. Garett: *Everard of Greenhithe,* World Ship Society, Kendal 1991

Matti Pietikäinen: *The Finnlines Fleet 1947–1997, 50 Years at your service,* Finnlines Ltd., Helsinki 1998

Matti Pietikäinen und Bengt Sjoström: *The Ships of our First Century, The Effoa Fleet 1883–1983,* Finska Ångfartygs AB, Helsinki 1983

H. C. Spong: *Irish Shipping Limited,* World Ship Society, Kendal 1982

I. G. Stewart: *British Tramps and their Peacetime Contribution to World Shipping History,* Ian Stewart Marine Publications, Rockingham/Beach 1997

Eberhard Stötzner: *Die Schiffe der Reedereien Deutsche Afrika-Linien und John T. Essberger,* Koehlers Verlagsgesellschaft mbH, Hamburg 1996

Sören Thorsöe: *J. Lauritzen,* World Ship Society, Kendal 1984

Sören Thorsöe & Michael Crowdy: *Ove Skou,* World Ship Society, Kendal 1982

Sören Thorsöe, Peter Simonsen and Fredrik Frederichsen: *The Dannebrog Fleet 1883–1993,* published by Dannebrog Rederi A/S, Rungsted 1993

Victor Young: *Merchant Ships of World War II, a Post War Album,* Shipping Books Press, Market Drayton 1996

sowie verschiedene Ausgaben der Registerbände des *Germanischen Lloyd,* von *Lloyd's Register of Shipping* und Fachzeitschriften

Informationen über die Bücher von Gert Uwe Detlefsen erhalten Sie bei:

Verlag Gert Uwe Detlefsen
Riihimäkistr. 38a
23795 Bad Segeberg
Fax (0 45 51) 96 87 69